计算机"十三五"规划教材

电脑故障排除与维修

彭泽伟　房永飞　杨美玲　编著

北京希望电子出版社
Beijing Hope Electronic Press
www.bhp.com.cn

内 容 简 介

本书以项目任务的编写方式详细地介绍电脑故障排除与维修的方法与技巧，帮助读者快速掌握与提升电脑维修技能。全书内容分为十一个项目，主要包括电脑故障维修基础知识、电脑故障维修基本技能、备份与恢复硬盘数据、备份与恢复操作系统、电脑网络故障诊断与维修、典型电脑故障诊断与维修、主板与电源常见故障诊断与维修、CPU、内存与硬盘常见故障诊断与维修、显卡与声卡常见故障诊断与维修和系统优化与安全防护。

本书既可作为应用型本科院校、职业院校的教材使用，也适合个人装机、企事业单位电脑维护与维修人员、电脑硬件技术爱好者、从事电脑组装与维护的专业人员学习参考用书。

图书在版编目（CIP）数据

电脑故障排除与维修 / 彭泽伟，房永飞，杨美玲编著.
-- 北京 ： 北京希望电子出版社，2016.8（2023.8 重印）
ISBN 978-7-83002-390-4

Ⅰ．①电… Ⅱ．①彭… ②房… ③杨… Ⅲ．①电子计算机－故障修复 Ⅳ.①TP306

中国版本图书馆 CIP 数据核字（2016）第 163751 号

出版：北京希望电子出版社	封面：赵俊红
地址：北京市海淀区中关村大街 22 号	编辑：全　卫
中科大厦 A 座 9 层	校对：毛德龙
邮编：100190	开本：787mm×1092mm 1/16
网址：www. bhp. com. cn	印张：15
电话：010-82626270	字数：390.4 千字
传真：010-82702698	印刷：唐山唐文印刷有限公司印制
经销：各地新华书店	版次：2023 年 8 月 1 版 2 次印刷

定价：38.00 元

前言 Preface

如今，电脑已经得到了全面普及，电脑的性能也越来越高，由以前的奔腾时代发展至如今的多核时代。在日常的电脑应用中，用户往往会碰到令人头痛的电脑问题，如电脑无法开机、文件丢失、无法连接到网络、系统运行缓慢乃至崩溃、电脑硬件设备发生故障等，因此掌握一定的电脑故障维修知识就显得非常必要了。本书从软件和硬件两方面系统地归纳了电脑故障的排除与维修方法，思路清晰、易学实用，并且提供了大量的故障维修案例。

本书特点

为帮助广大读者快速掌握电脑故障的诊断与维修方法，我们特别组织专家和一些一线骨干教师编写了《电脑故障排除与维修》。本书具有主要以下特点：

（1）全面讲解了电脑中几乎所有重要组成部分的故障维修方法，包括系统、软件、电脑主要硬件、网络等方面的故障诊断与维修方法。

（2）以循序渐进的方式介绍电脑故障的维修方法，通过介绍电脑的结构和工作原理，并结合电脑故障维修的必备技能，解决电脑在使用过程中遇到的软硬件问题。让读者能够充分了解电脑的运行原理，了解电脑常见故障的现象及引发原因，掌握电脑故障维修的思路和方法。

（3）在讲解电脑维修知识的同时，通过图文结合的方式逐步、细致地讲解电脑故障的维修步骤，具有很强的可操作性，读者还可以通过大量的电脑故障维修案例掌握很多的维修经验。

（4）全新的项目任务写作手法和写作思路，帮助读者在学习完本书之后能够快速地掌握并提高电脑维修技能，解决日常工作中遇到的电脑故障问题。

本书结构安排

项目一　电脑故障维修基础知识。通过对本章的学习，读者可以了解电脑硬件的构成；掌握查看电脑配置的方法；掌握设置 BIOS 的方法；了解电脑故障的分类和成因；掌握诊断电脑故障的常用方法及排除电脑故障的基本原则。

项目二　电脑故障维修基本技能。通过对本章的学习，读者可以了解系统应急盘的作用；掌握系统应急盘的制作方法；认识硬盘分区与硬盘格式化的作用；掌握使用系统应急盘在DOS 下进行硬盘分区的方法；掌握在操作系统中调整分区容量的方法；了解驱动程序的作用及获取驱动程序的途径；掌握安装与更新驱动程序的方法。

项目三　备份与恢复硬盘数据。通过对本章的学习，读者可以掌握备份与还原注册表、字体、网页收藏夹、QQ 资料及重要文件的方法；掌握使用系统备份和还原工具备份与还原文件的方法；掌握使用工具软件备份与同步文件的方法；了解数据恢复知识；掌握使用数据恢复软件及已删文件的方法。

项目四 **备份与恢复操作系统**。了解备份系统的时机；掌握使用系统还原功能恢复系统的方法；掌握使用备份和还原工具备份与恢复系统的方法；掌握使用 Ghost 软件备份与还原系统的方法。

项目五 **电脑网络故障诊断与维修**。通过对本章的学习，读者可以掌握系统联网故障的诊断与维修方法；掌握组建与配置局域网的方法；掌握局域网故障的维修方法；掌握常见电脑联网及局域网故障案例的维修方法。

项目六 **典型电脑故障诊断与维修**。通过对本章的学习，读者可以熟悉引发电脑开机时黑屏、死机和蓝屏故障的原因；掌握电脑开机时黑屏、死机和蓝屏故障的处理方法；掌握常见系统故障案例的维修方法。

项目七 **主板与电源常见故障诊断与维修**。通过对本章的学习，读者可以了解主板的工作原理；了解主板触发电路工作原理；掌握主板故障的常用检修方法；了解 ATX 电源各输出线的电压；掌握 ATX 电源的工作原理及各供电接口的功能；了解电源常见故障的检修方法；掌握主板与电源常见故障案例的维修方法。

项目八 **CPU、内存与硬盘常见故障诊断与维修**。通过对本章的学习，读者可以了解 CPU、内存与硬盘的工作原理及性能参数；认识 CPU、内存与硬盘常见故障的现象；掌握 CPU、内存与硬盘常见故障的维修方法；掌握 CPU、内存与硬盘常见故障案例的维修方法。

项目九 **显卡与声卡常见故障诊断与维修**。通过对本章的学习，读者可以了解显卡与声卡的工作原理及性能参数；认识显卡与声卡常见故障的现象；掌握显卡与声卡常见故障的的检修方法；熟悉显卡与声卡常见故障案例的维修方法。

项目十 **系统优化与安全防护**。通过对本章的学习，读者可以掌握多种优化系统性能的方法；掌握多种增强系统安全的方法；掌握使用系统维护软件对系统进行优化与及安全设置的方法；掌握查杀电脑病毒的方法。

本书编写人员

本书由黔东南广播电视大学的彭泽伟、广东省佛山市顺德区乐从镇教育局的房永飞和廊坊燕京职业技术学院杨美玲担任任主编，由石家庄铁路职业技术学院的李德雄担任副主编。其中，彭泽伟编写了项目一、二和三，房永飞编写了项目四、五和六，杨美玲编写了项目七和八，李德雄编写了项目九和十。本书的相关资料和售后服务可扫描封底的微信二维码或与登录 www.bjzzwh.com 下载获得。

本书适合对象

本书既可作为应用型本科院校、职业院校的教材使用，也适合个人装机用户、企事业单位电脑维护与维修人员、电脑硬件技术爱好者、从事电脑组装与维护的专业人员参考用书。

本书在编写过程中，难免有疏漏和不当之处，敬请各位专家及读者不吝赐教。

编 者

Contents

项目四　备份与恢复操作系统

项目五　电脑网络故障诊断与维修

项目六　典型电脑故障诊断与维修

项目七　主板与电源常见故障诊断与维修

项目八　CPU、内存与硬盘常见故障诊断与维修

项目九　显卡与声卡常见故障诊断与维修

项目十　系统优化与安全防护

项目一　电脑故障维修基础知识

项目概述

　　在学习电脑故障维修知识前，先来学习电脑故障维修的基础知识。在本项目中，将详细介绍电脑的硬件构成、查看电脑的硬件配置、BIOS 设置，以及电脑故障的诊断与维修方法等。

项目重点

- 认识电脑的构成。
- 查看电脑硬件配置。
- 认识 BIOS。
- 进行 BIOS 常用设置。
- 诊断电脑故障的常用方法。

项目目标

- 了解电脑的构成。
- 掌握查看电脑配置的方法。
- 掌握设置 BIOS 的方法。
- 掌握电脑故障诊断与维修常用方法。

任务一　了解电脑的硬件构成

任务概述

　　电脑经过不断快速的发展，现在已经进入了高性能时代。电脑中的各个部件不断地更新换代，性能也越来越高，如电脑的核心 CPU，已经发展到了双核心、四核心、八核心技术。本任务将介绍多核时代电脑硬件构成。

任务重点与实施

一、认识电脑主机内部部件

从电脑外观来看，可以将硬件分为主机和外设两大部分，如图 1-1 所示。主机是电脑的核心，主要包括主板、CPU、内存、显卡、硬盘、光驱与电源等，机箱的内部结构如图 1-2 所示。

图 1-1 电脑硬件外观

图 1-2 主机内部结构

1. 主板

主板（Main board）是一块由大规模集成电路组成的多层印刷电路板（PCB），是主机中最大的一块板卡，它是电脑的核心部件，为 CPU、内存、显卡、硬盘及外部设备提供接口及插座，同时协调各部件稳定地工作。主板上最多的就是各种芯片组以及各个设备的接口插槽，它们是主板的重要组成部分，其作用就是向其他设备提供接口，如图 1-3 所示为支持 Intel 处理器的主板。

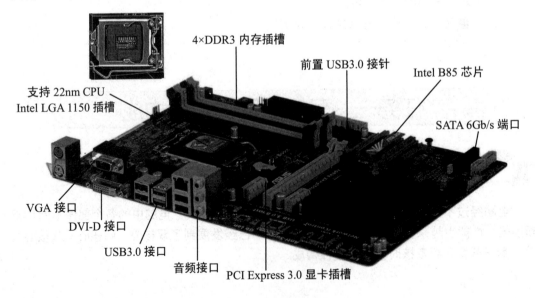

图 1-3 主板

主板主要由以下部件构成：

（1）主板芯片

电脑的各种功能都要有主板上相应芯片的支持才能实现，主板的芯片主要有主芯片组、BIOS 芯片、CMOS 芯片及其他功能控制芯片。

① 主芯片组

主板上有两块较大的芯片，这两块芯片一般被称为主芯片组。芯片组的类型决定了主板所支持 CPU 的类型。

主板上的芯片组分为北桥芯片和南桥芯片，一般离 CPU 较近，通常带用散热片的称为北桥芯片，如图 1-4 所示。靠近 PCI 扩展槽的另一个芯片称为南桥芯片。北桥芯片主要负责控制 CPU、内存和显卡这些高速设备，而南桥芯片则负责控制输入/输出等相对低速的外围设备。

由于北桥芯片影响电脑的核心部分，对主板性能的影响举足轻重，因此是决定主板性能的主要部分。通常用北桥芯片的型号来区分主板的种类，如 "P45 主板" 就是指采用 Intel P45 芯片组作为北桥芯片的主板，如图 1-5 所示为 Intel P45 北桥芯片和 Intel ICH10 南桥芯片。

图 1-4　AMD RS880 北桥芯片

图 1-5　Intel 南桥芯片与北桥芯片

目前新的 Intel 主板均采用 PCH 芯片，由于 Intel 的 Core i7 800 和 i5 700 系列将原来的 MCH 全部移到 CPU 内，支持它们的主板上只留下 PCH（平台管理控制中心）芯片。PCH 芯片具有原来 ICH（南桥芯片）的全部功能，又具有原来 MCH（北桥芯片）的管理引擎功能，把它称之为北桥也行，称之为南桥也行。

② BIOS 和 CMOS 芯片

BIOS（Basic Input-Output System，基本输入/输出系统），它是一种程序，被做成集成电路芯片固化在主板上，负责电脑启动过程的初始化和设备的管理工作，能够识别硬件，设置引导的设备等。现在的 BIOS 大部分采用 EEPROM 存储器，也叫 Flash ROM 闪速存储器，如图 1-6 所示即为 BIOS 芯片。

CMOS（Complementary Metal Oxide Semiconductor，互补金属氧化物半导体），是主板上一块可读写的 RAM 芯片，用来保存当前系统的硬件配置参数和在 BIOS 中设置的各种参数，它的特点是可读可写，断电时信息会丢失。为了避免断电后数据丢失，主板上的电池主要用来给 CMOS 供电，如图 1-7 所示为主板 CMOS 电池。

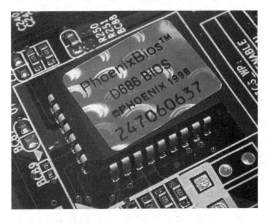

图 1-6　BIOS 芯片

图 1-7　主板 CMOS 电池

③ 网络芯片

现在很多主板内置了 1000MB/s 的网络芯片，这为用户方便地连接局域网、以太网提供了方便，如图 1-8 所示。

④ 音效芯片

目前市场上的主板大都集成有声卡，集成声卡一般分"软"声卡和"硬"声卡，"软"声卡通常被称为 AC'97（Audio Codec'97）声卡，是一种音频电路系统标准，如图 1-9 所示。"软"声卡的音效芯片只负责处理基本的数/模转换，将声音处理的大部分运算交给 CPU 处理，也就是说"软"声卡要占用 CPU 资源，而"硬"声卡音效芯片是集成在主板上的，不占用 CPU 资源。

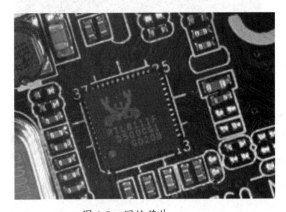

图 1-8　网络芯片

图 1-9　AC'97 标准音效芯片

（2）主板上的插槽

① CPU 插槽

CPU 的插槽是主板连接 CPU 的装置，CPU 插槽的类型决定了这块主板能够使用的 CPU 的类型。根据 CPU 针脚不同，主板的 CPU 插槽有很多种， Intel 酷睿 i3 双核四线程 CPU 的插槽类型为 LGA1150，如图 1-10 所示。AMD 系列 CPU 接口主要为 Socket FM2、FM2+、AM3+，如图 1-11 所示。

图 1-10 Intel LGA 1150 插槽

图 1-11 AMD Socket AM3+插槽

② **电源插座**

电源插座是为电脑主板供电的接口，目前主流的电源为 ATX 电源，ATX 是双列直插的 24 孔的长方形插座，如图 1-12 所示。

（3）内存插槽

内存上一般都有 2~4 个内存插槽，当前主流的主板都支持 DDR3 内存，如图 1-13 所示为主板内存插槽。

图 1-12 ATX 电源插座

图 1-13 内存插槽

（4）总线扩展槽

主板上占用最多空间的是总线扩展槽，总线扩展槽主要用来安装显卡、声卡等扩展卡，其主要类型为 PCI 和 PCI-Express 插槽，现在主流电脑显卡插槽普遍采用 PCI-Express 插槽。

① **PCI 插槽**

PCI（Peripheral Component Interconnect，外部设备互联总线）插槽为并排的白色插槽，主要用来安装声卡、网卡、视频采集卡等设备，其最大传输速率可达 133MB/s，支持 PnP（即插即用）功能，如图 1-14 所示即为 PCI 插槽。

② **PCI-Express 插槽**

PCI-Express 是一种串行总线，是目前传输速率最快的总线接口，采用点对点串行连接技术方式实现数据传输的高速化。PCI-Express 接口包括×1、×4、×8 和×16，PCI-Express 最高能够提供 8GB/s 的带宽，如图 1-15 所示为 PCI-Express 接口。

图 1-14　PCI 插槽

图 1-15　PCI-Express 插槽

（5）IDE（Integrated Drive Electronics，集成驱动电子）接口

IDE 接口主要用来连接硬盘、光驱或刻录机，一般可分为 IDE1 和 IDE2。一般情况下，IDE1 接口接硬盘，IDE2 接口接光驱，IDE 接口为双排 40 针插座，如图 1-16 所示。

（6）SATA（串行 ATA 接口）

SATA 采用点对点的传输方式，相对 IDE 接口具有较高的传输速率，SATA 3.0 传输速率可以达到 600MB/s。SATA 接口采用 7 针数据电缆，如图 1-17 所示。

图 1-16　IDE 接口

图 1-17　SATA 接口

主板的外设接口主要用来连接外部输入/输出设备，如键盘、鼠标、显示器、U 盘、打印机等，如图 1-18 所示。

图 1-18　主板 I/O 接口

主板 I/O 接口主要有以下几种接口：

① **PS/2 接口**

主板上一般有两个 PS/2 接口，通常紫色接口连接键盘，绿色连接鼠标，这两个接口一样，但不能互换。

② **USB 接口**

USB 接口即通用串行总线接口，现代主板一般提供 4~8 个 USB 接口，主板的 USB 接口可分为 USB 2.0 和 USB 3.0 两种。USB 3.0 的接口一般呈蓝色。USB 2.0 的最大传输带宽为 480Mbps（即 60MB/s），而 USB 3.0 的最大传输带宽高达 5.0Gbps（500MB/s）。

③ **网卡接口**

主板上通常都集成 RJ-45 网卡接口，能够提供 100MB/s～1000MB/s 的传输速率。

④ **音频接口**

很多主板都集成有声卡，甚至是集成多声道的声卡，主板集成声卡已经成为标配了。

2．CPU

CPU（Central Processing Unit，中央处理器）是电脑的核心硬件，它的性能基本上反映了电脑数据处理的能力，所以 CPU 的型号很大程度上决定了整个电脑系统的性能和档次，通常所说的多核电脑就是具有双核心以上的 CPU，如图 1-19 和图 1-20 所示为 AMD CPU 的背面和正面。

图 1-19　CPU 背面

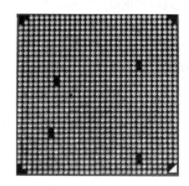
图 1-20　CPU 正面

（1）内核

CPU 从外形上看形似矩形，中间凸起的一片为 CPU 内核，CPU 的内核集成有数以亿计的晶体管。

（2）基板

基板是承载 CPU 内核所用的材料，它负责与外界的连接。CPU 基板把 CPU 内部数据传输到针脚上，基板的背面为 CPU 针脚，CPU 针脚数决定着主板的型号。

（3）填充物

由于 CPU 核心工作强度大，散热量较大，核心温度可以达到上百摄氏度，在 CPU 内核与基板之间添加了一个金属盖，目的是增加散热面积以及最大程度地保护核心安全。

（4）散热器

一般为了散热安全，在 CPU 上加装散热器，散热器通常由一个合金散热片和一个散热风扇组成，盒装 CPU 都会自带原装散热器。

（5）厂商

目前主要是 Intel 公司和 AMD 公司具有生产 CPU 的能力，如 Intel 公司的 Core 系列 CPU 和 AMD 公司的 Athlon 系列 CPU。

3．内存

内存（Memory）是内存器的简称，内存当中存储的是电脑当前正在运行的指令或数据，电脑工作时会将需要的指令或数据从外存储器调入内存，然后由 CPU 与内存交换数据进行数据处理，并将处理结果送入外存储器，内存的传输速率及容量直接影响到整个电脑的性能。内存当中的数据断电后会丢失，内存的接口类型决定主板型号，如图 1-21 所示为一款金士顿 8GB DDR3 内存条。

图 1-21　内存条

4．硬盘

硬盘是电脑中最重要的外部存储设备，是电脑的重要组成部分，包括操作系统在内的各种软件、程序、数据都需要保留在硬盘上。

当前家用市场硬盘主要分为：

（1）IDE 硬盘

IDE 硬盘又叫并口硬盘，如图 1-22 所示。并口曾经是硬盘的主流接口方式，由于 IDE 硬盘数据传输率低而逐渐被市场淘汰。

（2）SATA 硬盘

SATA 硬盘又叫串口硬盘，目前已经发展到了 SATA3.0 接口，由于 SATA 硬盘数据传输率高，已经成为当前主流硬盘接口方式，如图 1-23 所示。

图 1-22　IDE 接口硬盘　　　　　　　　　图 1-23　SATA 接口硬盘

5．显卡

显卡又叫视频显示适配器，是电脑处理和传输图像信号的输出设备，CPU 进行数字信号处理，而显卡则承担将图像处理、加工及转换为模拟信号的工作，并通过数据线为显示器提供显示信号，如图 1-24 和图 1-25 所示即为显卡的正面和背面结构。

图 1-24　显卡正面基本结构　　　　　　　　图 1-25　显卡背面结构

显卡的基本结构为：

（1）显示芯片

显示芯片是显卡的核心，它的性能在很大程序上决定了显卡的性能，主要负责图形数据的处理，如图 1-26 所示。3D 显示芯片将三维图像和特效处理功能集中在显示芯片内部，从而减轻了 CPU 处理图形数据的负担。

（2）显存

显存在 CPU 和图形芯片的数据交换过程中，用来存储要处理的图形的数据信息，如图 1-27 所示。如果说显卡的性能主要由显示芯片决定，那么显存的性能将直接决定显示芯片能够发挥多大的性能。

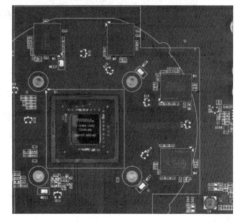

图 1-26　显卡显示芯片　　　　　　　　图 1-27　显卡显存颗粒

（3）显卡 BIOS 芯片

显卡 BIOS 芯片中主要存储着显示芯片和驱动之间的控制程序，另外还有显卡型号、规格等产品标识，现在的显卡 BIOS 芯片都可采用专用程序进行升级，如图 1-28 所示。

（4）显卡接口

所有图像信息经过显卡处理后最终都要输出到显示器上，显卡的输出接口就是显卡与显示器之间的桥梁，它负责向显示器输出相应的图像信号。现在显卡的接口主要有 VGA 接口和 DVI 接口。

由于 CRT 显示器只能接收模拟信号的输入，VGA 接口就是显卡输出模拟信号的接口。VGA（Video Graphics Array）接口也称为 D-Sub 接口，它是一种 D 型接口，有 15 个针孔，是当前应用最为广泛的接口类型，如图 1-29 所示。

图 1-28　显卡 BIOS 芯片

图 1-29　显卡 VGA 接口

DVI 接口是新一代的专用于液晶显示器的数字接口，由于 DVI 传输的是数字信号，数字图像信息不需经过转换，直接被传送到液晶显示器上，显示效果更纯净、更逼真。DVI接口主要分为 DVI-D 接口和 DVI-I 接口，如图 1-30 和图 1-31 所示。

图 1-30　显卡 DVI-I 接口

图 1-31　显卡 DVI-D 接口

（5）总线接口

总线接口是指显示卡和主板连接时采用的接口形式，早期的显卡采用 AGP 总线接口，目前 PCI-Express 总线接口取代了 AGP 接口，PCI-Express×16 接口最高可以提供 8GB/s的带宽，是当前主流显卡总线接口方式，如图 1-32 所示。

（6）S-Video

S-Video（Separate Video）也称为 S 端子，主要用于视频的输入和输出，例如，用户想在电视机的大屏幕上欣赏存放在电脑上的电影，就需要通过该端口来连接，如图 1-33所示。

图 1-32　显卡 PCI-Express 接口

图 1-33　显卡 S 端子

6.光驱与刻录机

光驱与刻录机也是电脑主要的外存储设备，光驱用来读取光盘中的数据，刻录机可以将数据刻录到光盘中保存，极大地方便了我们的工作，也是电脑的标准配置。

（1）DVD-ROM

DVD-ROM 也就是只读光驱，但它可以读取 DVD 光盘和 CD-R 光盘，目前价格很低，普及率较高，如图 1-34 所示。

（2）DVD-RW 刻录机

DVD-RW 刻录机可以刻录 DVD-R 光盘、DVD-RW 光盘、CD-R 光盘和 CD-RW 光盘，性价比很高，如图 1-35 所示。

图 1-34　DVD-ROM 光驱　　　　　　图 1-35　DVD-RW 刻录机

7.机箱

主机箱是电脑主要部件放置的容器，但其不仅仅是存放硬件的容器，还是一个散热设备、一个噪音屏蔽器、一个能提升整个平台性价比的配件。

机箱根据价位不同，做工质量也不一样，一般两三百元价格的机箱性价比最好。机箱可以分为 ATX 机箱和迷你机箱两种类型，如图 1-36 和图 1-37 所示。

图 1-36　ATX 机箱　　　　　　图 1-37　迷你机箱及内部结构

8.主机电源

ATX 电源将普通 220V 交流电转换为电脑能够使用的直流电，并专门为电脑的主板、硬盘、光驱、显卡等设备提供不同的电压，是电脑各部件供电的枢纽，是电脑正常工作的基本保证。目前的电脑电源从规格上可以分 ATX 电源和 Micro ATX 电源，如图 1-38 和图 1-39 所示。

图 1-38　ATX 电源

图 1-39　Micro ATX 电源

二、认识电脑外部设备

　　除主机外的大部分硬件设备都可称作外部设备，或叫外围设备，简称外设。计算机系统若没有输入/输出设备，就如同计算机系统没有软件一样，是没有实际意义的。下面将详细介绍电脑必备的外设，其中包括显示器、键盘、鼠标和其他部件。

1．显示器

　　显示器是计算机的主要输出设备，是用户与电脑沟通的主要渠道。显示器的主要功能是把电脑处理过的结果以图像的形式显示出来。

　　目前电脑显示器都是 LED 液晶显示器，如图1-40 所示。LED 显示屏是一种通过控制半导体发光二极管的显示方式，用来显示文字、图形、图像、动画、行情、视频和录像信号等各种信息的显示屏幕。

图 1-40　LED 显示器

2．键盘和鼠标

　　键盘和鼠标是电脑系统中最基本也是最常用到的输入输出设备，用户通过键盘和鼠标操作向电脑输入各种指令。

　　（1）键盘

　　键盘是电脑中最早的输入设备，也是电脑的标准输入设备，在文字录入、电脑的基本设置和实现一些特殊功能上键盘有着不可替代的优势，如图 1-41 所示。

　　（2）鼠标

　　随着 Windows 操作系统图形界面的出现及广泛应用，鼠标在电脑的使用过程中显得越来越重要，上网、3D 游戏和图形图像设计等都离不开鼠标。

　　鼠标按连接方式可以分为 PS/2 鼠标、USB

图 1-41　键盘

接口鼠标和无线鼠标，如图 1-42 所示。

PS/2 接口鼠标　　　　　　　USB 接口鼠标　　　　　　　　无线鼠标

图 1-42　鼠标

3．其他外设

（1）音箱

音箱是将音频信号还原成声音信号的一种装置，是电脑重要的学习和娱乐设备。音箱按声道分为 2.0 音箱、2.1 音箱、4.1 音箱和 5.1 音箱等，如图 1-43 所示。

2.1 声道有源音箱　　　　　　　　　　　5.1 声道有源音箱

图 1-43　音箱

（2）打印机

打印机是办公场所的必备设备之一，它是电脑中经常使用的外部设备。目前市场上针式打印机、喷墨打印机和激光打印机占据主流地位。

① 针式打印机

针式打印机广泛应用在票据打印上，越来越多的商业企业以及银行、邮局、医院等需要进行票据打印，如图 1-44 所示。

② 喷墨打印机

喷墨打印机是在针式打印机之后发展起来的，是比较适合家庭使用的打印机，它主要是把墨盒中的各种颜色的墨喷打在纸上形成文字或图像，如图 1-45 所示。

专家指导
Expert guidance
➡

喷墨打印机的优点是整机价格低、工作噪音低、很容易实现色彩打印，是当前的主流打印机，缺点是打印速度相对较慢、耗材较为昂贵。激光打印机具有打印速度快、工作噪音低、打印成本低等优点。

图 1-44　针式打印机

图 1-45　喷墨打印机

③ 激光打印机

激光打印机是利用电子成像技术来打印的，如图 1-46 所示。它通过调制激光束在硒鼓上进行沿轴扫描，使鼓面上的各点带上负电荷，当经过带正电的墨粉时这些点就会吸附墨粉，从而转印在纸上，形成一个个色点，然后按照点阵组字的原理，这些色点就形成了文字和图形。

（3）扫描仪

扫描仪是继键盘和鼠标之后主要的电脑输入设备，它能将图像、文字等各种文档输入电脑，可以利用 OCR 文字识别功能将原稿扫进电脑，省去了输入操作。目前扫描仪已经广泛应用于办公、广告、装饰、摄影等领域，如图 1-47 所示。

图 1-46　激光打印机

图 1-47　扫描仪

（4）独立声卡

目前独立声卡大都是针对音乐发烧友以及其他特殊场合而量身定制的，如图 1-48 所示。它对电声中的一些技术指标作出相当苛刻的要求，达到了精益求精的程度，再配合出色的回放系统，给人以最好的听觉享受。

独立声卡拥有更多的滤波电容以及功放管，经过数次级的信号放大，降噪电路，使输出音频的信号精度提升，所以音质输出效果好。集成声卡因受到整个主板电路设计的影响，电路板上的电子元器件在工作时容易形成相互干扰以及电噪声的增加，而且电路板也不可能集成更多的多级信号放大元件以及降噪电路，所以会影响音质信号的输出，最终导致输出音频的音质相对较差。

图 1-48　独立声卡

（5）有线网卡和无线网卡

网卡主要分为有线网卡和无线网卡，有线网卡通过网线接入局域网中，无线网卡是通过无线电波来接收无线信号，从而与无线网络连接。

有线网卡又称为网络适配器，它是构成网络的基本器件，目前电脑网卡一般都集成在了主板上。

无线网卡根据接口不同，分为 PCMCIA 无线网卡、PCI 无线网卡、MiniPCI 无线网卡、USB 无线网卡和 CF/SD 无线网卡等，如图 1-49 和图 1-50 所示。

图 1-49　PCMCIA 接口无线网卡　　　　　图 1-50　USB 接口无线网卡

（6）游戏控制器

"工欲善其事，必先利其器"，想要玩好电脑游戏，体验电脑游戏的快感，游戏控制器是游戏玩家必不可少的"标准"配置，如图 1-51 所示。可以说游戏控制器是每一位电脑游戏发烧友都必不可少的外设，在大多数动力竞技类游戏如"极品飞车"中，游戏控制器的作用是不能低估的，它可以让游戏效果有大幅度提高。

图 1-51　游戏控制器

（7）可移动存储设备

目前市场上常见的移动存储设备主要有 U 盘和移动硬盘等。由于这些设备具有体积小、重量轻、携带方便、使用简单等优点而受到用户的欢迎。

① U 盘

U 盘采用的介质为闪存颗粒，通过 USB 口与电脑相连接，支持热插拔和即插即用功能，是当前比较流行的移动存储设备，如图 1-52 所示。

② 移动硬盘

移动硬盘相比 U 盘来说具有更大的存储空间，可以满足需要更大存储用户的需求，如图 1-53 所示。

图 1-52　U 盘　　　　　　　　　　　　　图 1-53　移动硬盘

三、使用 DirectX 诊断工具查看电脑配置

DirectX 诊断工具是 Windows 系统自带程序，用于对电脑硬件进行测试、诊断并进行修改，也可以使用它来查看电脑硬件信息，具体操作方法如下：

Step 01 按【Windows+R】组合键，打开"运行"对话框，输入 dxdiag 命令，单击"确定"按钮，如图 1-54 所示。【Windows】键一般位于【Ctrl】和【Alt】键之间，显示为⊞。

Step 02 打开"DirectX 诊断工具"窗口，在"系统"选项卡下可以查看操作系统类型、BIOS 版本、处理器信息、内存容量和虚拟内存等信息，如图 1-55 所示。

图 1-54　"运行"对话框　　　　　　　　　图 1-55　"DirectX 诊断工具"窗口

Step 03 选择"显示"选项卡，从中可以查看显卡名称、制造商、显卡芯片类型、显存容量、显卡驱动版本、监视器等常规信息，如图 1-56 所示。

Step 04 选择"声音"选项卡，从中同样可以查看设备名称、制造商及驱动等信息，如图 1-57 所示。

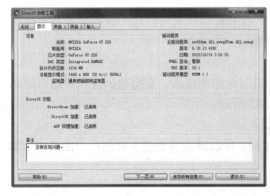

图 1-56　"显示"选项卡　　　　　　　　　图 1-57　"声音"选项卡

Step 05 选择"输入"选项卡，从中可以查看连接到电脑的输入设备，如键盘、鼠标，如图 1-58 所示。

图 1-58　"输入"选项卡

四、借助硬件检测软件查看电脑详细配置

若要查看电脑硬件的详细信息，需要借助工具软件，一般的系统维护工具都提供了硬件检测功能，最常用的有"鲁大师""腾讯电脑管家""360 安全卫士"等。下面以"鲁大师"为例进行介绍，具体操作方法如下：

Step 01 从网上下载"鲁大师"安装程序，并将其安装到电脑中，然后启动"鲁大师"程序，在主界面中单击"硬件检测"按钮，程序会自动扫描电脑中的硬件信息，并提供一个电脑概览，其中显示了电脑名称和操作系统，并以列表形式列出了电脑中的主要硬件，如图 1-59 所示。

Step 02 在左侧选择"硬件健康"选项，可以查看电脑中硬件的制造日期、使用时间，以判断电脑的新旧程度，如图 1-60 所示。

图 1-59　电脑概览信息

图 1-60　硬件健康信息

Step 03 在左侧选择"处理器信息"选项，可以查看 CPU 型号、核心参数、插槽类型、主频及前端总线频率、一级数据缓存类型和容量、一级代码缓存类型和容量、二级缓存类型和容量及支持特性等，如图 1-61 所示。检测到的电脑硬件品牌，其品牌或厂商图标会显示在页面右上方。单击图标，可以访问相应厂商的官方网站。

Step 04 在左侧选择"主板信息"选项，可以查看主板型号、芯片组型号、序列号、板载设备、BIOS 版本信息和制造日期等，如图 1-62 所示。

图 1-61　处理器信息

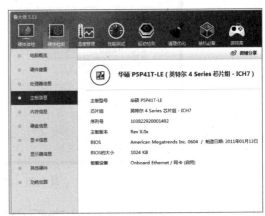

图 1-62　主板信息

Step 05 在左侧选择"内存信息"选项，可以查看内存插槽、品牌、速度、容量、制造日期，以及型号和序列号等信息，如图 1-63 所示。

Step 06 在左侧选择"硬盘信息"选项，可以查看硬盘的品牌、大小、转速、型号、缓存、使用时间、接口、传输率及支持技术特性等信息，如图 1-64 所示。

图 1-63　内存信息

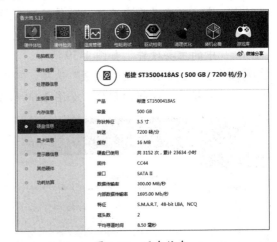

图 1-64　硬盘信息

Step 07 在左侧选择"显卡信息"选项，可以查看显卡品牌、型号、显存、BIOS 日期等信息，如图 1-65 所示。

Step 08 在左侧选择"显示器信息"选项，可以查看显示器的名称、品牌、制造日期、尺寸、图像比例及分辨率等信息，如图 1-66 所示。

图 1-65　显卡信息

图 1-66　显示器信息

Step 09　左侧选择"其他硬件"选项，可以查看网卡、声卡、键盘和鼠标等设备信息，如图 1-67 所示。

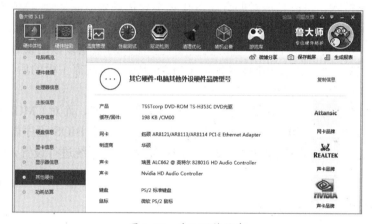

图 1-67　其他硬件信息

任务二　快速掌握 BIOS 设置

任务概述

　　电脑在启动之前首先要检查 BIOS，它是计算机最底层的模块，任何高级软、硬件都建立在 BIOS 基础之上。BIOS 设置程序存储在 BIOS 芯片中，只有在开机时才可以进行设置。在本任务中将详细介绍 BIOS 设置与应用方法。

任务重点与实施

一、认识 BIOS 与 CMOS

　　BIOS（Basic Input-output System，基本输入/输出系统），它负责开机时对系统的各种硬件进行初始化设置和测试，以确保系统能够正常工作。若硬件测试不正常，则立即停止工作，并把出错的设备信息反馈给用户。BIOS 包含系统加电自检（POST）程序模块、系统启动自检程序模块，这些程序模块主要负责主板与其他电脑硬件设备的通信。

电脑的很多设备上都有 BIOS，如系统 BIOS（即常说的主板 BIOS）、显卡 BIOS 和其他设备（如硬盘、SCSI 卡或网卡等）的 BIOS。BIOS 实际就是被"固化"在电脑硬件中的一组程序，它为电脑提供最低级、最直接的硬件控制。

BIOS 相当于电脑硬件与软件程序之间的一座桥梁，其本身是一个程序，也可以说是一个软件。我们对它最直观的认识就是 POST（Power On System Test）功能，当电脑接通电源后，BIOS 将对其内部所有设备的自检进行检验，包括对 CPU、内存、只读存储器、系统主板、CMOS 存储器、并行和串行通信子系统、硬盘子系统及键盘进行测试。自检测试完成后，系统将在指定的驱动器中寻找操作系统，并向内存中装入操作系统。

CMOS 是 Complementary Metal Oxide Semiconductor（互补金属氧化物半导体）的缩写，它是一种半导体技术，可以将成对的金属氧化物半导体场效应晶体管（MOSFET）集成在一块硅片上，而 BIOS 存放在 CMOS 存储器中。具体而言它是指电脑主板上一块特殊的芯片，CMOS RAM 的作用是保存系统的硬件配置和用户对某些参数的设置。因为 CMOS RAM 的功耗极低，所以当系统电源关闭后 CMOS RAM 只需靠主板的后备电池供电，就可以使 CMOS 内的用户设置参数不会丢失。

CMOS RAM 本身只是一块存储芯片，只有数据保存功能，而对 CMOS 中各项参数的设置要使用专门的程序，BIOS 就是这个专门的程序。厂家将 BIOS 程序做到 CMOS 芯片中，在开机时通过特定的按键就可方便地进入 BIOS 程序对系统进行设置，因此 CMOS 设置又称为 BIOS 设置。

二、进入 BIOS 设置界面

对于日常使用的电脑来说，采用的 BIOS 并不是完全相同的。目前市场上主要有 3 家不同的 BIOS 厂商，分别是：AMI BIOS、Award BIOS 和 Phoenix BIOS。其中，Phoenix BIOS 多用于高档的原装品牌机和笔记本电脑上，Award BIOS 和 AMI BIOS 目前在主板中使用较为广泛。

AMI BIOS 是全球两大主板 BIOS 品牌中的一家，在功能和使用的方便性方面和 Award BIOS 区别不大，只是在设置界面上有所不同。在此就以 AMI BIOS 为例进行介绍，AMI BIOS 主要以灰底蓝字界面较多，也有个别的 AMI BIOS 是蓝底白字的界面。

进入 BIOS 其实很简单，只要在电脑开机后，在屏幕显示显卡信息时按【Del】键，就可以进入 BIOS 的设置界面。但需要注意的是【Del】键不能按得太晚，否则电脑就会在此之前启动进入系统，这时就只有再重新启动电脑了。

大部分台式机进入 BIOS 的快捷键都是【Del】键，个别兼容机和大部分品牌机是【F1】或【F2】键。笔记本电脑根据品牌的不同，快捷键有【F2】、【F10】和【F12】等，用户要根据不同类型的电脑按不同的键，才能顺利进入 BIOS 进行设置。

如果不知道按什么快捷键，在开机启动电脑时，屏幕的下方会有进入 BIOS 的快捷键提示，此时按快捷键即可进入 BIOS，如图 1-68 所示。

AMI BIOS 程序的主界面中一般有 5~6 个标签选项，由于 BIOS 的版本和类型不同，主界面中的选项也会有一些差异，但一些主要选项是每个 BIOS 程序都有的。

如图 1-69 所示为 AMI BIOS 0607 版，其中有 5 个菜单，它们分别是 Main、Advanced、Power、Boot 及 Exit。但这并不固定，个别厂商推出的主板会有一些较为特殊的功能，可能会添加一些项目或菜单。

图 1-68　查看提示信息

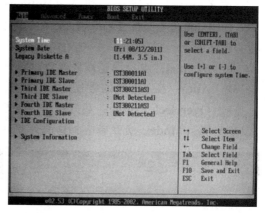

图 1-69　AMI BIOS 主界面

在主界面右下方为操作功能键说明，可参照功能键说明来选择或改变各项功能，具体见表 1-1。

表 1-1　操作功能键说明

按键操作	英　文	中　文
【↑】、【↓】	Select Screen	选择画面
【←】、【→】	Select Item	选择项目
【Enter】	Go to Sub Screen	去子屏幕
【+】、【－】	Change Option	更改选项
【Tab】	Select Field	选择或更改选项
【F1】	General Help	帮助
【F10】	Save and Exit	保存并退出
【Esc】	Exit	退出

三、BIOS 常用设置

下面将介绍 BIOS 中的常用设置，如设置 CPU、内存超频、设置电压、设置 USB 设备、设置芯片组、设置内置设备、设置设备启动顺序、设置 U 盘启动及载入默认设置等。

1. 设置 CPU 超频

Advanced 是"高级"的意思，也就是 BIOS 设置中有一些高级调节选项。一般来说，

CPU 超频调节、内存调节、USB 设置和芯片设置等选项都会在 Advanced 标签中。需要注意的是，在此标签下若进行了不正确的设置，可能会导致系统损坏。

在 Advanced 标签中选择 Jumper Free Configuration 选项，如图 1-70 所示。此项用于设置系统频率、电压等。

按【Enter】键确认，进入 Configure System Frequency/Voltage 界面，选择 AI Overclocking 选项并按【Enter】键确认，打开其设置列表，如图 1-71 所示。其中，各选项的含义如下：

➢ **Manual：** 自行设置超频参数。

➢ **Auto：** 载入系统的最佳设置。

➢ **Overclock Profile：** 载入最佳参数超频文件，在超频时得到系统稳定性。

➢ **Test Mode：** 负载带有扩谱的超频（超频 5%）。

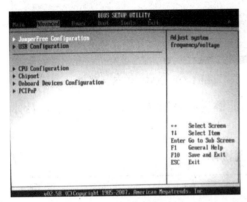

图 1-70　选择超频设置菜单

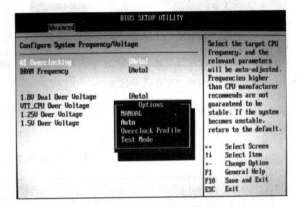

图 1-71　CPU 超频选项

将 AI Overclocking 设置为[Manual]，此时出现 CPU Frequency 菜单，此项显示出 CPU 的外频，BIOS 将自动侦测到该值，如图 1-72 所示。用户可直接输入想要的 CPU 频率，或者按【+】或【-】键调节 CPU 频率，有效范围为 200MHz~800MHz。正确的前端总线与 CPU 外频如图 1-73 所示。

图 1-72　自定义 CPU 频率

前端总线	CPU外频
FSB1333	333MHz
FSB1066	266 MHz
FSB800	200 MHz

图 1-73　正确的频率

将 AI Overclocking 设置为[Overclock Profile]，此时将出现 Overclock Options 菜单。选择 Overclock Options 并按【Enter】键确认，在弹出的列表中可选择所需超频选项，如图 1-74 所示。

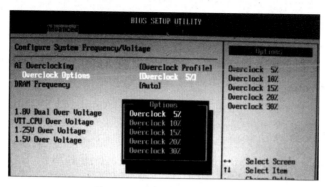

图 1-74　选择最佳超频选项

2. 设置内存超频

在 Configure System Frequency/Voltage 界面中选择 DRAM Frequency 选项，此项可以设置 DDR3 的运行频率，如图 1-75 所示。设置值有：[Auto]、[800MHz]、[1067MHz]和[1333MHz]。CPU 的不同设置，其值也会不同。

如图 1-76 所示列出了当前端总线值分别为 1333，1066 和 800 时相对应的 DRAM 频率的设置值。注意，设置过高的 DRAM 频率将导致系统变得不稳定，若出现这种情况应及时将其恢复为默认值。

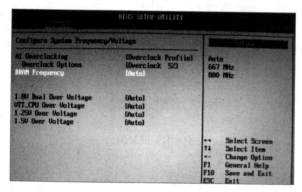

图 1-75　设置内存频率

FSB	DRAM 频率			
	Auto	800MHz	1066MHz	1333MHz
1333	√	√	√	√
1066	√	√	√	
800	√	√		

图 1-76　内存频率值

3. 设置电压

Configure System Frequency/Voltage 界面下方的选项用于进行电压设置，如图 1-77 所示。在电脑设置了超频后，此时硬件默认的额定电压可能并不足以满足超频后的硬件的需求，因此时可以分析主板供电设计，调整主板电压来满足硬件的需求，从而提高超频的成功率。

各设置选项的含义分别如下：

➤ **1.8V Dual Over Voltage [Auto]**

此项用于手动设置内存电压，设置值有：[Auto]、[1.80V]、[2.00V]和[2.25V]。

➤ **VTT_CPU Over Voltage [Auto]**

此项用于手动设置系统总线电压，设置值有：

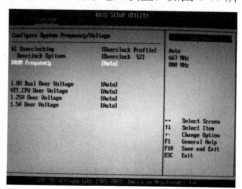

图 1-77　电压设置界面

[Auto]、[1.2V]和[1.3V]。

> **1.25V Over Voltage [Auto]**

此项用于手动设置北桥芯片组电压,设置值有:[Auto]、[1.25V]和[1.4V]。

> **1.5V Over Voltage [Auto]**

此项用于手动设置南桥芯片组电压,设置值有:[Auto]、[1.5V]和[1.6V]。

4．设置 USB 设备

在 Advanced 标签中选择 USB Configuration 选项,如图 1-78 所示。此项用于更改 USB 设备的相关设置。

按【Enter】键确认,进入 USB Configuration 设置界面,如图 1-79 所示。在 Module Version 和 USB Devices Enabled 项中会显示自动检测到的 USB 设备,若没有连接任何设备,将会显示为[None]。

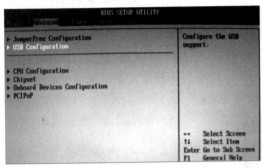

图 1-78　选择 USB 设置选项

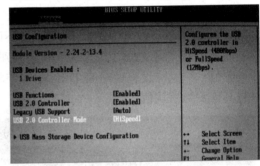

图 1-79　USB 设置界面

其中,各设置选项的含义分别如下:

> **USB Functions**

此项用来开启或关闭 USB 功能,设置值有:[Disabled]和[Enabled]。

> **USB 2.0 Controller**

此项用来开启或关闭 USB 2.0 控制器,设置值有:[Disabled]和[Enabled]。

> **Legacy USB Support**

此项用来开启或关闭支持 Legacy USB 设备功能,包括 USB 闪存盘与 USB 硬盘。当设置为默认值[Auto]时,系统可以在开机时自动检测是否有 USB 设备存在,若有则启动 USB 控制器,反之则不会启动。设置值有:[Auto]、[Disabled]和[Enabled]。

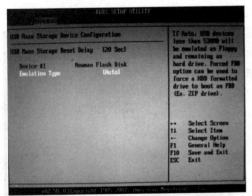

图 1-80　USB 设备设置界面

> **USB 2.0 Controller Mode**

此项用来设置将 USB 2.0 控制器设置为 HiSpeed(此为高速模式,速度为 480Mbps)或 Full Speed(此为全速模式,速度为 12Mbps)。

当电脑中插入了 USB 设备后,会在 USB Configuration 界面中显示 USB Mass Storage Device Configuration 选项,选择此选项并按

【Enter】键确认，进入其设置界面，如图 1-80 所示。

其中，各设置选项的含义分别如下：

> **USB Mass Storage Reset Delay**

此项用来设置 USB 存储设备初始化时在 BIOS 的等待时间，设置值有：[10 Sec]、[20 Sec]、[30 Sec]和[40 Sec]。

> **Emulation Type**

此项用来将 USB 设备设置为软驱或硬盘等类型，设置值有：[Auto]、[Floppy]、[Forced FDD]、[Hard Disk]和[CDROM]。

5. 设置芯片组

在 Advanced 标签中选择 Chipset 选项，如图 1-81 所示。此项用于更改芯片组的高级设置。

按【Enter】键确认，进入 Advanced Chipset settings 设置界面，如图 1-82 所示。其中，North Bridge Configuration 菜单用于北桥芯片设置，South Bridge Configuration 菜单用于南桥芯片设置。

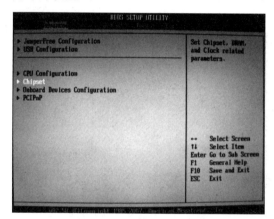

图 1-81　选择芯片组选项

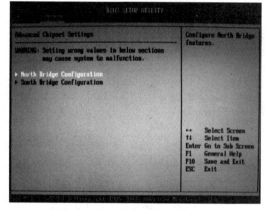

图 1-82　选择北桥芯片选项

选择 North Bridge Configuration 选项并按【Enter】键确认，进入北桥芯片设置界面，如图 1-83 所示。

其中，各设置选项的含义分别如下：

> **Memory Remap Feature**

此项用来开启或关闭内存地址重映功能。当安装了 64 位操作系统时，建议将本项目设置为[Enabled]。设置值有：[Disabled]和[Enabled]。

> **Configure DRAM Timing by SPD**

此项用来开启或关闭由 SPD 决定设置内存时钟。设置值有：[Disabled]和[Enabled]。

> **Initiate Graphic Adapter**

此项用来设置作为优先启动的绘图显示控制器。设置值有：[PCI/PEG]和[PEG/PCI]。

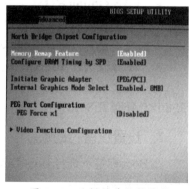

图 1-83　北桥芯片设置界面

选择 South Bridge Configuration 选项并按【Enter】键确认，进入南桥芯片设置界面，如图 1-84 所示。

其中，各设置选项的含义分别如下：

> **Audio Controller**

此项用于设置音频控制器。设置值有：[Enabled]和[Disabled]。

> **Front Panel Type**

此项用于设置前面板音频接口（AAFP）支持的类型。若设置为[HD Audio]，则可以启动前面板音频接口支持高保真音质的音频设置功能。设置值有：[AC97]和[HD Audio]。

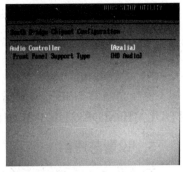

图 1-84　南桥芯片设置界面

6．设置内置设备

在 Advanced 标签中选择 Onboard Devices Configuration 选项，如图 1-85 所示。此项用于主板设备的相关设置。按【Enter】键确认，进入 Configure Win627DHG-A Super IO Chipset 设置界面，如图 1-86 所示。

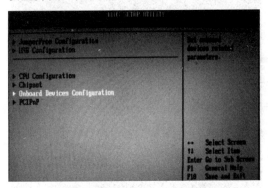

图 1-85　选择板载设备设置选项

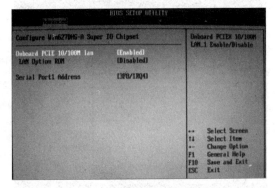

图 1-86　板载设备设置界面

其中，各设置选项的含义分别如下：

> **Onboard PCIE 10/100M LAN**

此项用来开启或关闭内置 LAN 控制器。设置值有：[Enabled]和[Disabled]。

> **LAN Option ROM**

此项用来开启或关闭主板内置网络控制器。只有当内置 LAN 设置为[Enabled]时，该项才会出现。设置值有：[Enabled]和[Disabled]。

> **Serial Port1 Address**

此项用于设置串口 1 的基地址，设置值有：[Disabled]、[3F8/IRQ4]、[2F8/IRQ3]、[3E8/IRQ4]和[2E8/IRQ3]。

7．设置设备启动顺序

在 Boot 标签下选择 Boot Device Priority 选项，该项用于设置开机启动设备及设备顺序，如图 1-87 所示。

按【Enter】键确认，进入 Boot Device Priority 界面。选择 1st Boot Device 选项，然后

按【Enter】键确认，在弹出的窗口中选择第一启动设备，如图 1-88 所示。也可以在选择 1st Boot Device 选项后按【+】、【-】键来更改第一启动设备。

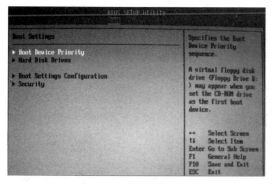

图 1-87　选择启动设备选项

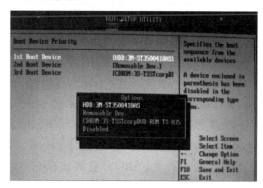

图 1-88　选择启动设备

8. 设置 U 盘启动

首先将 U 盘插入电脑的 USB 接口中，然后重启电脑进入 BIOS 程序。在 Boot 标签下选择 Hard Disk Drives 选项，如图 1-89 所示。按【Enter】键确认，进入 Hard Disk Drives 界面，从中将 1st Drive 选项设置为 USB 设备，如图 1-90 所示。

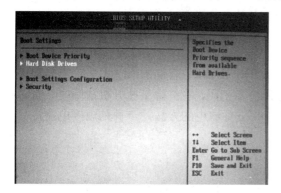

图 1-89　选择驱动器选项

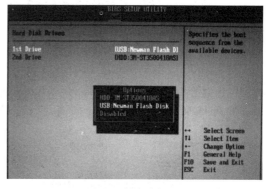

图 1-90　选择 U 盘设备

进入设置设备启动顺序界面，将 1st Boot Device 选项设置为 USB 设备即可，如图 1-91 所示。

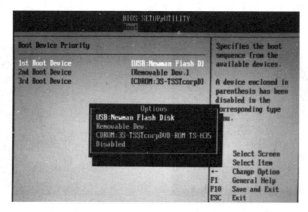

图 1-91　设置 U 盘启动

9. 还原到出厂默认设置

Exit 标签用于退出 BIOS 设置程序，或还原到出厂默认设置，如图 1-92 所示。

其中，各设置项目含义分别如下：

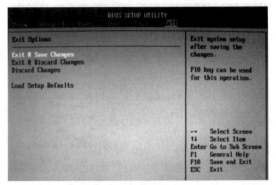

➤ **Exit & Save Changes**

保存所有设置并退出 BIOS 程序，选择此项后将弹出询问窗口，选择[OK]以确认。

➤ **Exit & Discard Changes**

放弃所有设置并退出 BIOS 程序。除了 System Date、System Time 与 Password，若在其他项作了更改，BIOS 将弹出确认对话框。

图 1-92　Exit 界面

➤ **Discard Changes**

放弃所有更改，并恢复到原来保存的设置值。选择此项后，将弹出一个确认窗口，选择[OK]即可放弃所有设置，并恢复到原来的设置值。

➤ **Load Setup Defaults**

放弃所有设置，并将设置值更改为出厂默认值。选择此项后将弹出询问窗口，选择[OK]以确认。也可在任何一个菜单下按【F5】键，恢复到默认设置。

四、CMOS 放电

对 CMOS 放电是指通过对 CMOS 放电使 CMOS RAM 中存储的信息丢失。当忘记进入 BIOS 设置的密码时，可通过对 CMOS 放电来清除密码，在排除某些开机故障时，有时也需要对 CMOS 进行放电。下面将介绍对 CMOS 进行放电的方法，一种是短接电路，另一种是短接跳线。

1. 短接电路

目前的主板大多数使用钮扣电池为 CMOS 芯片提供电力，如果没有电 CMOS 中的用户设置信息就会丢失。当再次通电时，CMOS 设置就会回到出厂设置状态，BIOS 密码也就没有了。放电的具体操作方法如下：

Step 01 切断主机电源后打开电脑机箱，在主板上找到银白色的钮扣电池，如图 1-93 所示。

Step 02 向外拨动电池槽边缘的弹片，将电池取出，如图 1-94 所示。

图 1-93　找到主板电池

图 1-94　取出主板电池

Step 03 用螺丝刀或金属片短接电池底座上的正负两级弹簧片，大概 30 秒，如图 1-95 所示。

Step 04 放电结束后，将电池安装回电池座，如图 1-96 所示。

图 1-95　进行放电操作

图 1-96　安装主板电池

2. 短接跳线

除了通过短接电路对 CMOS 放电以外，还可以短接 CMOS 进行放电，以恢复原厂设置。由于各个主板的跳线设置情况不太一样，所以在用跳线短接法时应先查阅主板说明书。跳线短接的具体操作方法如下：

Step 01 切断主机电源后打开电脑主机机箱，在主板上找到 CMOS 跳线，如图 1-97 所示。

Step 02 CMOS 跳线正常是 1 针和 2 针连接，放电时 2 针和 3 针连接，短接时间为 30 秒，如图 1-98 所示。

图 1-97　找到 CMOS 跳线

图 1-98　短接 CMOS 跳线

Step 03 短接完毕后把跳线恢复到 1 针和 2 针连接的状态，否则电脑不能正常启动，如图 1-99 所示。

Step 04 目前又出现了新的 CMOS 技术，跳线方法已经改为更为先进的按钮形式，上面标有 clr CMOS 字样，如图 1-100 所示。但 clr CMOS 按钮不能长时间按下，因为它会消耗备用电池的电能。

图 1-99　恢复 CMOS 跳线

图 1-100　重置 CMOS 按钮

五、通过 BIOS 诊断故障

　　有些故障发生时会发出相应的报警声，通过系统报警声初步判断故障所在位置是一种最快捷的诊断方式。表 1-2 至表 1-4 列出了常见的几种 BIOS 报警声的说明，以帮助读者通过报警声判断故障的原因。

表 1-2　Award BIOS 报警声及说明

报警声	说　明	报警声	说　明
1 短	系统正常启动	1 长 9 短	主板 BIOS 损坏
2 短	常规错误，只需进入 CMOS 设置中修改	不断的长声响	内存有问题
1 长 1 短	内存或主板错误	不断的短声响	电源、显示器或显卡没连接好
1 长 2 短	键盘控制器错误	重复短声响	电源故障
1 长 3 短	显卡或显示器错误		

表 1-3　AMI BIOS 报警声及说明

报警声	说　明	报警声	说　明
1 短	内存刷新失败	7 短	系统实模式错误，无法切换到保护模式
2 短	内存 ECC 校验错误	8 短	显示内存错误
3 短	640KB 常规内存检查失败	9 短	BIOS 检测错误
4 短	系统时钟出错	1 长 3 短	内存错误
5 短	CPU 错误	1 长 8 短	显示测试错误

表 1-4　Phoenix BIOS 报警声及说明

报警声	说　　明	报警声	说　　明
1 短	系统正常启动	3 短 1 短 1 短	第一个 DMA 控制器或寄存器出错
3 短	POST 自检失败	3 短 1 短 2 短	第二个 DMA 控制器或寄存器出错
1 短 1 短 2 短	主板错误	3 短 1 短 3 短	主中断处理寄存器错误
1 短 1 短 3 短	主板没电或 CMOS 错误	3 短 1 短 4 短	副中断处理寄存器错误
1 短 1 短 4 短	BIOS 检测错误	3 短 2 短 4 短	键盘时钟错误
1 短 2 短 1 短	系统时钟出错	3 短 3 短 4 短	显示内存错误
1 短 2 短 2 短	DMA 通道初始化失败	3 短 4 短 2 短	显示测试错误
1 短 2 短 3 短	DMA 通道寄存器出错	3 短 4 短 3 短	未发现显卡 BIOS
1 短 3 短 1 短	内存通道刷新错误	4 短 2 短 1 短	系统实时时钟错误
1 短 3 短 2 短	内存损坏或 RAS 设置有误	4 短 2 短 2 短	BIOS 设置不当
1 短 3 短 3 短	内存损坏	4 短 2 短 3 短	键盘控制器开关错误
1 短 4 短 1 短	基本内存地址错误	4 短 2 短 4 短	保护模式中断错误
1 短 4 短 2 短	内存 ECC 校验错误	4 短 3 短 1 短	内存错误
1 短 4 短 3 短	EISA 总线时序器错误	4 短 3 短 3 短	系统第二时钟错误
1 短 4 短 4 短	EISA NMI 口错误	4 短 3 短 4 短	实时时钟错误
2 短 1 短 1 短	基本内存检验失败	4 短 4 短 1 短	串口故障

任务三　电脑故障常用诊断与维修方法

任务概述

　　电脑故障可分为硬件故障和软件故障，无论出现哪种故障都会影响电脑的正常运行。虽然电脑的故障无法彻底杜绝，但如果做好了预防措施，很多故障还是可以避免的。在本任务中，将详细介绍电脑常见故障的诊断方法与排除原则。

任务重点与实施

一、电脑故障的分类

电脑故障虽然有很多种，但根据故障发生的位置，可以将电脑故障分为硬件故障和软件故障。

硬件故障是指与电脑的硬件有关，由于主机和外设硬件系统使用不当或硬件物理损坏而引起的故障。例如，主板芯片损坏、显示器指示灯无电源显示、键盘的按键不灵、电源被烧毁等都属于硬件故障。在硬件故障中包括一类"假"故障，是指因用户误操作、硬件安装和设置不当或外界环境等因素而导致电脑不能正常工作。例如，键盘和鼠标接头插错了位置导致它们无反应、主板电源虚接导致开机无反应等都属于"假"故障。

软件故障与电脑软件有关，是由于相关参数设置或软件出现故障而导致电脑不能正常工作。例如，BIOS 设置错误导致电脑无法顺利启动、由于误删文件导致程序无法卸载、由于音频驱动程序未正确安装导致电脑无声等。

二、电脑故障的成因

引发电脑故障的原因很多，大致可以分为硬件引起故障和软件引起故障。

1. 硬件引起的故障

电脑的硬件故障主要是指物理硬件的损坏、CMOS 参数设置不正确、硬件之间不兼容等引起的电脑不能正常使用的故障，硬件故障产生的原因主要来自于内存不兼容或损坏、CPU 针脚问题、硬盘损坏、硬件磨损、静电损坏、用户操作不当和外部设备接触不良等。

虽然硬件故障产生的原因很多，但归纳起来有以下几种：

（1）非正常使用。如果用户在电脑运行的情况下乱动机箱内部的硬件或连线，很容易造成硬件的损坏。例如，当在运行 Windows 7 系统时，如果用户直接把硬盘卸掉，很容易直接造成数据的丢失，或者造成硬盘的物理坏道，这主要是因为硬盘此时正在高速运转。

（2）硬件的不兼容。硬件之间在相互搭配工作需要有共同的工作频率，同时由于主板对各个硬件的支持范围不同，所以硬件之间的搭配显得尤其重要。例如，在升级内存时，如果主板不支持，将造成无法开机的故障。如果插入两个内存条，就需要尽量让它们是同一型号的产品，否则也会出现这样或那样的硬件故障。

（3）灰尘太多。灰尘一直是硬件的隐形杀手，机箱内灰尘过多会引起硬件故障，如光驱激光头沾染过多灰尘后会导致读写错误，严重的会引起电脑死机。另外，天气潮湿还会造成电路短路，灰尘对电脑的机械部分也有极大影响，容易造成运转不良，从而不能正常工作。灰尘过多还可能导致 CPU 散热不良，从而造成电脑死机，如图 1-101 所示。

（4）硬件和软件不兼容。每个版本的操作系统或软件都会对硬件有一定的要求，如果不能满足这

图 1-101　灰尘太多导致散热不良

些要求，也会发生电脑故障。例如，一些三维软件等特殊软件，由于对内存的需求比较大，当内存较小时出现死机等故障。

（5）CMOS 设置不当。CMOS 设置的有关参数需要和硬件本身相配合，如果设置不当会造成系统故障，如果硬盘参数设置、模式设置、内存参数设置不当会导致电脑无法启动。例如，将无 ECC 功能的内存设置为具有 ECC 功能，这样就会因内存错误而造成死机。

（6）周围的环境。电脑周围的环境主要包括电源、温度、静电和电磁辐射等因素的影响。过高过低或忽高忽低的交流电压，都将对电脑系统造成很大危害。如果电脑的工作环境温度过高，对电路中的元器件影响最大，首先会加速其老化损坏的速度，其次过热会使芯片插脚焊点脱焊。由于目前电脑采用的芯片仍为 CMOS 电路，环境静电会比较高，这样很容易造成电脑内部硬件的损坏。另外，电磁辐射也会造成电脑系统的故障，所以电脑应该远离冰箱、空调等电气设备，不要与这些设备共用一个插线板。

2．软件引起的故障

软件在安装、使用和卸载的过程中也会发生故障，主要有以下几个方面原因：

（1）系统文件误删除。由于 Windows 操作系统启动需要有 COMMAND.com、IO.sys、MSDOS.sys 等文件，如果这些文件遭到破坏或被误删除，就会引起电脑不能正常使用。

（2）病毒感染。电脑感染病毒后会出现很多种故障现象，如显示内存不足、死机、重启、速度变慢、系统崩溃等现象。这时可以使用杀毒软件如"腾讯电脑管家""360 杀毒""金山毒霸""卡巴斯基"等进行全面查毒和杀毒，并做到定时升级杀毒软件，如图 1-102 所示。

（3）动态链接库文件(DLL)丢失。在 Windows 操作系统中还有一类文件也相当重要，这就是扩展名为 DLL 的动态链接库文件，这些文件从性质上来讲是属于共享类文件，也就是说一个 DLL 文件可能会有多个软件在运行时需要调用它。

如果在删除一个应用软件时，该软件的反安装程序会记录它曾经安装过的文件并准备将其逐一删去，这时就容易出现被删掉的动态链接库文件同时还会被其他软件用到的情形，如果丢失的链接库文件是比较重要的核心链接文件，那么系统就会死机，甚至崩溃。

（4）注册表损坏。在 Windows 操作系统中，注册表主要用于管理系统的软件、硬件和系统资源。有时用户操作不当、黑客的攻击、病毒的破坏等原因会造成注册表的损坏，也会造成电脑故障。

图 1-102　使用"电脑管家"查杀病毒

（5）软件升级故障。大多数人可能认为软件升级是不会有问题的，事实上在升级过程中都会对其中共享的一些组件也进行升级，但其他程序可能不支持升级后的组件从而导致电脑出现故障。

（6）非法卸载软件。不要把软件安装所在的目录直接删掉，如果直接删掉，注册表以及 Windows 目录中会有很多垃圾存在，时间长了系统也会不稳定，从而出现电脑故障。

三、诊断电脑故障的常用方法

1．观察法

观察法可以用 4 种方式来完成，主要分为"听、闻、看、摸"等方法。

（1）听。当电脑出现故障时，通常会伴有报警声或异常响声。如果硬盘出现"咔咔"的声音，可能是硬盘出现了坏道。总之，通过"听"机箱喇叭的声音可发现一些故障隐患。

（2）闻。"闻"是指电脑出现故障时能够闻到一些异常气味。如果闻到烧焦的味道，可能是电脑部件烧毁了。

（3）摸。"摸"是指通过手触摸电脑的部件查看是否有过热的部件，或利用专业工具查看是否漏电或出现松动现象。

（4）看。"看"是指通过眼睛观察，检查出现异常的地方。观察法适合于有明显现象的故障，如检查主机内部故障。

- 查看电气元器件上是否有腐蚀或氧化。
- 查看元器件的引脚部分，是否有针脚倾斜或断裂。
- 查看连接电缆以及插头与电源线是否插紧。
- 查看是否有污垢或异物。

2．清洁法

灰尘对电脑硬件的影响很大，很多故障都是由于灰尘太多造成静电或短路现象。电脑工作环境应该保持洁净，对电脑进行清洁可以排除元器件老化、短路和接触不良等常见故障。

对电脑清洁主要包括以下两个方面：

（1）除尘。对电脑各个硬部件所散发的灰尘进行吹扫或吸尘，如图 1-103 所示。

（2）除氧化。最好的方法是使用专业的清洁剂进行清除，如果没有清洁剂也可以用橡皮擦对氧化部分进行擦拭去除氧化层，如图 1-104 所示。

图 1-103　对电脑除尘

图 1-104　去除氧化层

3．替换法

替换法是故障排除的常用方法，是指将功能与型号相同或相近的部件进行替换来判断此部件是否存在故障。

如果怀疑电脑部件有故障，可以将其拆卸下来安装到正常的电脑上，开机检测看是否能正常使用。如果能正常工作，说明此部件不存在故障，继续测试其他部件，直到找到有问题的部件。

将正常的电脑中功能相似的部件拆卸下，安装到有故障的电脑中，检查电脑是否还有故障。如果没有，则说明不是拆卸下来的部件出故障；如果有，则说明此部件是出现故障的原因。

4．插拔法

如果诊断依然没有头绪，不知道到底是哪里出现故障时，可以采用拔插法来查找故障原因。拔插法就是通过在关机断电后将主机内的部件设备拔下或插上的方式来判断故障的位置。例如，将某一设备拔下后，开机检测故障消失，就可以断定是此设备出现问题了。

5．最小系统法

当电脑出现故障时，可以采用最小系统法排查故障。最小系统法是指保留系统能运行的最小环境，把其他电脑配件及输入/输出接口设备从系统扩展槽中暂时卸下，再加电观察最小系统能否正常启动运行。

电脑硬件最小系统由电源、主板、CPU 和内存组成，其中没有任何信号线的连接，只有电源到主板的电源连接。在判断电脑故障的过程中，通过声音来判断这一核心组成部分是否正常工作。

6．逐步添加/去除法

逐步添加法以最小系统为基础，每次只向系统添加一个部件/设备或软件来检查故障现象是否消失或发生变化，以此来判断并定位故障部位。

逐步去除法正好与逐步添加法的操作相反。逐步添加/去除法一般要与替换法配合，才能较为准确地定位故障部位。

7．BIOS 清除法

在设置 BIOS 时，可能将某些重要参数设置错误而造成电脑硬件无法正常工作，此时可通过 BIOS 清除法来将 BIOS 设置恢复到默认值。其方法有两种：一种是进入 BIOS 界面，对相应的选项进行恢复设置；另一种是通过对 BIOS 放电，将其恢复为默认设置。

8．万用表测量法

在排除故障时对电压和电阻进行测量，也是判断相应部件是否存在故障的常用方法。使用万用表对元件的电压和电阻进行测量，如果出现电压或电阻异常，则可能是此元件出现了故障。

9．敲击法

有时电脑运行时好时坏，出现了故障之后过段时间又自行恢复了。出现这种情况可能是由于内部元件出现虚焊或接触不良造成的，这时可以使用敲击法进行检查。关机后拆开机箱，用橡皮锤轻轻敲击可能有故障的部件，观察系统是否恢复正常，然后进一步将故障排除即可。

10. 查找病毒法

病毒也是引起电脑故障的重要因素，可以通过查杀病毒来排除故障。以下情况就可能是由于病毒引起的电脑故障。

（1）系统无法正常启动。病毒修改了硬盘的引导信息，或删除了某些启动文件，如引导型病毒引导文件损坏、硬盘损坏或参数设置不正确、系统文件非人为地被删除等。

（2）经常死机。病毒打开了许多文件或占用了大量内存，系统不稳定（如内存质量差，硬件超频性能差等），运行了大容量的软件占用了大量的内存和磁盘空间，使用了一些测试软件，硬盘空间不够等。运行网络上的软件时经常死机也许是由于网络速度太慢，所运行的程序太大，或者自己的电脑硬件配置太低。

（3）文件打不开。病毒修改了文件格式或文件链接位置；文件损坏、硬盘损坏、文件快捷方式对应的链接位置发生了变化，原来编辑文件的软件删除了；如果是在局域网中，多表现为服务器中文件存放位置发生了变化，而工作站没有及时刷新服务器的内容。

（4）系统运行速度慢。病毒占用了内存和 CPU 资源，在后台运行了大量非法操作。硬件配置低，打开的程序太多或太大，系统配置不正确。如果运行的是网络上的程序时，多数是由于电脑配置太低造成的。也有可能此时网络正忙，有许多用户同时打开一个程序。还有一种可能就是电脑硬盘空间不够用来运行程序时作临时交换数据用。

（5）出现大量来历不明的文件。可能病毒复制了文件，也可能是一些软件安装中产生的临时文件，还可能是一些软件的配置信息及运行记录。

（6）键盘或鼠标无故锁死。病毒作怪，特别要留意木马。键盘或鼠标损坏，主板上键盘或鼠标接口损坏，运行了某个键盘或鼠标锁定程序。所运行的程序太大，长时间系统很忙，表现出按键盘或鼠标不起任何作用。

四、排除电脑故障的基本原则

排除故障的方法很多，切不可随意乱用，在排除故障之前应该掌握其基本处理原则。具体如下：

（1）先分析。遇到电脑故障时，首先根据故障现象大致分析该故障是硬件故障还是软件故障，应该采用哪种诊断方法。

（2）判断真伪。有些故障只是一些"假"故障，如接触不良、安装不紧等。有些故障是"真"故障，确实是硬件或软件损坏了，所以要仔细辨别。

（3）先软后硬。电脑故障主要是硬件故障和软件故障，在处理故障时应先排查软件故障，很多故障是软件故障造成的，在确定不是软件故障后再排查硬件故障。

（4）由外到内。诊断故障时应遵循"由外到内，由大到小"的原则逐步缩小排查范围，最终找到故障点。先从故障设备的外表查看是否存在异常，再到部件内部排查，直到找到故障点。

（5）从简单到复杂。在遇到电脑故障时应从最简单的方法做起，如主机不亮，首先应该想到是否是灰尘太多造成主板接触不良或静电，如果清洁灰尘后故障依旧，再去查找一些更复杂的原因。

项目小结

通过本项目的学习，读者应重点掌握以下知识：

（1）电脑主机的构成部件主要包括主板、CPU、内存、显卡、硬盘、光驱、机箱和电源等。

（2）主板是电脑的核心部件，为 CPU、内存、显卡、硬盘及外部设备提供接口及插座，同时协调各部件稳定地工作。

（3）使用系统的"设备管理器"和 DirectX 诊断工具可以查看电脑配置信息。

（4）借助外部硬件检测软件，可以查看电脑硬件的详细信息。

（5）BIOS 负责电脑开机时对各项硬件进行初始化设置和测试，以确保系统能够正常工作。

（6）用户可以对 BIOS 进行自定义设置，以改进其功能。

（7）有时可以通过对 CMOS 进行放电，即可排除电脑启动故障。

（8）电脑故障故障诊断的常用方法主要包括观察法、清洁法、替换法、插拔法、最小系统法、逐步添加/去除法、BIOS 清除法、万用表测量法、查找病毒法、敲击法等。

（9）在维修电脑故障时，应遵循一定的原则，如先分析、判断真伪、先软后硬等。

项目习题

（1）拆开电脑机箱，认识主机内部各部件。

（2）使用 DirectX 诊断工具查看电脑配置。

（3）对 BIOS 进行设备启动顺序设置。

（4）对主机内部进行清洁处理。

项目二　电脑故障维修基本技能

项目概述

　　在学习具体维修电脑故障前，先来学习电脑故障维修的基本技能，掌握了这些知识将有助于用户更快速地维修电脑故障。在本项目中，将对这些必备的基本技能进行详细讲解，如制作系统应急盘、管理硬盘分区、安装与更新驱动程序等。

项目重点

- 制作系统应急盘。
- 硬盘分区管理。
- 安装与更新驱动程序。

项目目标

- 掌握系统应急盘的制作方法。
- 掌握硬盘分区与调整的方法。
- 掌握安装和更新驱动程序的方法。

任务一　制作系统应急盘

任务概述

　　在使用电脑的过程中，一旦硬盘出现故障，会造成电脑不能从硬盘启动。要备份文件或检查系统故障就必须进入操作系统，因此常备一张完整的系统应急启动盘是非常必要的。在本任务中，将介绍如何制作 U 盘启动盘，以及如何安装硬盘 PE 工具箱。

任务重点与实施

一、应急启动盘的作用

　　应急启动盘是用来启动计算机的盘，这个盘可以是光盘、U 盘或其他介质盘，现在一般使用的启动盘主要以光盘和 U 盘居多。正常状况下，电脑都是从硬盘启动的，不会用到应急启动盘。应急启动盘只有在装机或系统崩溃，修复计算机系统或备份系统损坏的电脑中的数据时才会使用，即它的主要用处就是安装系统和维护系统。

应急启动盘的作用主要有以下几点：

（1）在系统崩溃时，启动系统恢复被删除或被破坏的系统文件等。

（2）感染了不能在 Windows 正常模式下清除的病毒后，用启动盘启动电脑彻底删除这些顽固病毒。

（3）用启动盘启动系统，然后测试一些软件等。

（4）用启动盘启动系统，然后运行硬盘修复工具，解决硬盘坏道等错误问题。

二、制作 U 盘启动盘

现在启动盘制作软件很多如"老毛桃 U 盘启动盘""大白菜 U 盘启动盘""通用 PE 工具箱""U 启动""深度 U 盘启动"盘等。这些软件的使用方法大都相似，下面以"大白菜超级 U 盘启动盘制作工具"为例介绍启动盘的制作方法。

从大白菜官网上（www.winbaicai.com）下载 U 盘启动盘制作工具，并将其安装到电脑中，然后按照以下步骤进行操作：

Step 01 将 U 盘插到机箱后部的 USB 插口中，启动"大白菜超级 U 盘启动盘制作工具"程序，此时程序将自动检测到 U 盘。若电脑中插入了多个 USB 设备，需要在"请选择"下拉列表中选择目标 U 盘。在界面左侧单击"个性设置"按钮，如图 2-1 所示。

Step 02 打开"个性设置"界面，从中可对启动界面的背景、字体、标题、主菜单、启动等项目进行自定义设置。在右下方的"大白菜赞助商"选项区中取消选择"hao123.com"复选框，如图 2-2 所示。

图 2-1　"大白菜"程序

图 2-2　"个性设置"界面

Step 03 弹出提示信息框，输入取消密码，然后单击"确定"按钮，如图 2-3 所示。

Step 04 采用同样的方法取消选择"绿色软件"复选框，然后单击"保存设置"按钮，如图 2-4 所示。

图 2-3　输入取消密码　　　　　　　　　图 2-4　单击"保存设置"按钮

Step 05 弹出提示信息框，提示"保存过程需要几秒到几十秒"，单击"确定"按钮，如图 2-5 所示。

Step 06 弹出提示信息框，提示"保存操作完成"，单击"是"按钮，如图 2-6 所示。

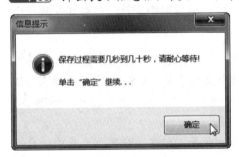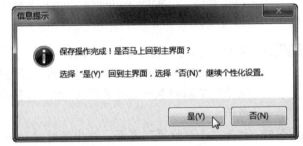

图 2-5　开始保存设置　　　　　　　　　图 2-6　保存操作完成

Step 07 返回到大白菜程序主界面，单击"一键制作 USB 启动盘"按钮，如图 2-7 所示。

Step 08 弹出提示信息框，提示本操作将删除 U 盘上的所有数据，且不可恢复，单击"确定"按钮，如图 2-8 所示。

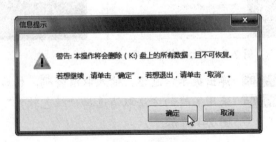

图 2-7　单击"一键制作 USB 启动盘"按钮　　　　　图 2-8　确认操作

Step 09 此时程序开始向 U 盘写入数据，此过程需持续 2 分钟~3 分钟的时间，期间切勿拔出 U 盘，以免制作失败，如图 2-9 所示。

Step 10 弹出提示信息框，提示启动 U 盘制作完成，单击"是"按钮，如图 2-10 所示。

图 2-9　开始制作 U 盘启动盘

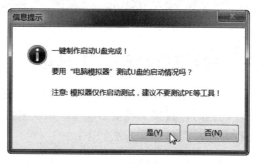

图 2-10　启动 U 盘制作完成

Step 11 启动模拟器，对制作好的 U 盘启动盘进行模拟测试，如图 2-11 所示。注意，模拟器仅作为启动测试，不能测试 PE 系统及其他维护工具。

Step 12 设置 BIOS 从 U 盘启动电脑，启动电脑后即可进入"大白菜"启动界面，选择"运行大白菜 Win8PE x86 精简版"选项，然后按【Enter】键确认，如图 2-12 所示。

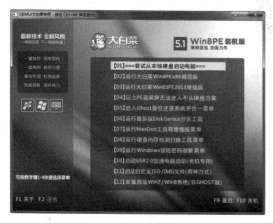

图 2-11　模拟器界面

图 2-12　"大白菜"启动界面

Step 13 启动 PE 系统，稍等即可登录 PE 系统桌面，如图 2-13 所示。

Step 14 单击"开始"按钮，在弹出的菜单中可以看到其中提供了多款系统维护工具，如图 2-14 所示。

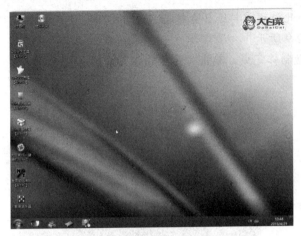
图 2-13　PE 系统桌面

图 2-14　查看系统维护工具

三、安装硬盘版 PE 工具箱

若身边没有用于制作启动盘的 U 盘，还可在电脑中安装硬盘版的 PE 工具箱。当电脑出现问题时，直接从硬盘启动 PE 系统来维护电脑。下面以安装 "U 深度急救系统" 为例进行介绍，具体操作方法如下：

Step 01 从 U 深度网站上（www.ushendu.com）下载 "U 深度 U 盘启动盘制作工具"，并将其安装到电脑中。启动该程序，单击 "本地模式" 按钮，设置启动等待时间，然后单击 "开始制作" 按钮，如图 2-15 所示。

Step 02 弹出提示信息框，单击 "确定" 按钮，如图 2-16 所示。

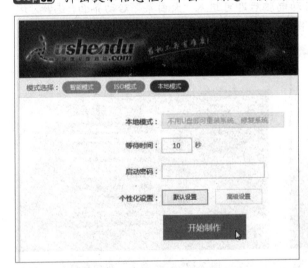
图 2-15　U 深度程序界面

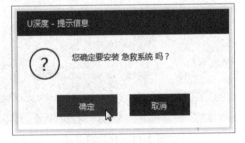
图 2-16　确认操作

Step 03 此时即可开始向电脑中安装急救箱系统，稍等片刻，如图 2-17 所示。

Step 04 急救系统安装成功，弹出提示信息框，单击 "确定" 按钮，如图 2-18 所示。

图 2-17　开始安装急救箱系统

图 2-18　安装完成

Step 05　重启电脑，将出现启动菜单，选择"U深度急救系统"选项，并按【Enter】键确认，如图 2-19 所示。

Step 06　进入 U 深度启动界面，选择"【02】U 深度 Win8 PE 标准版（新机器）"选项，并按【Enter】键确认，如图 2-20 所示。

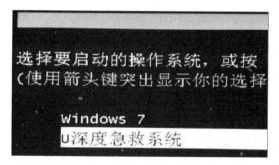

图 2-19　系统启动菜单

图 2-20　U 深度启动界面

Step 07　稍等即可进入 Win8 PE 系统桌面，如图 2-21 所示。

Step 08　单击"开始"按钮，在弹出的菜单中可以看到其中提供了多款系统维护工具，如图 2-22 所示。

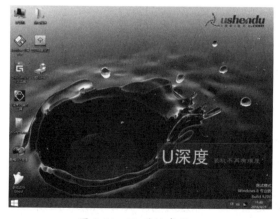

图 2-21　PE 系统桌面

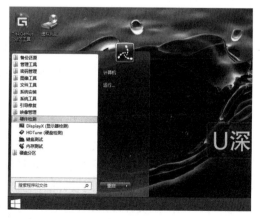

图 2-22　查看系统维护工具

任务二　硬盘分区管理

任务概述

　　新的电脑硬盘必须将其进行分区和格式化后才可以使用。分区就是将硬盘的存储空间划分为若干个区域，即 C、D、E、F 等分区。也可根据需要对硬盘现有的分区进行重新划分或调整，以更方便、更有效地存储数据。在本任务中，将详细讲解如何对硬盘进行分区及调整分区。

任务重点与实施

一、认识硬盘分区

　　硬盘有 4 种分区形式，分别是主分区、扩展分区、逻辑分区和活动分区。下面分别对它们进行介绍。

1．主分区

　　主分区是用于安装操作系统的分区，其中包含操作系统启动时所必需的文件和数据，系统必须通过它才能启动。要在硬盘上安装操作系统，该硬盘上至少要有一个主分区，并且设置为活动分区来引导启动系统。由于分区表的限制，一个硬盘最多只能划分 4 个主分区。

2．扩展分区

　　由于最多只能创建 4 个主分区，在创建 4 个以上的分区时就需要使用扩展分区了。扩展分区是不能直接用于存储数据的，而只是用于划分逻辑分区。扩展分区下可以包含多个逻辑分区，可以为逻辑分区进行高级格式化，并为其分配驱动器号。

　　例如，当想为硬盘创建 5 个分区时，如果都将其创建为主分区，系统只能认出 4 个，这不能满足我们的需求，此时就可以创建 3 个主分区，再创建一个扩展分区，然后在扩展分区下创建 2 个逻辑分区。

3．逻辑分区

　　逻辑分区是从扩展分区划分出来的，主要用于存储数据。在扩展分区中最多可以创建 23 个逻辑分区，各逻辑分区可以获得唯一的由 D 到 Z 的盘符。

4．活动分区

　　活动分区是用于加载系统启动信息的分区。主分区需要激活为活动分区后，才能正常地启动操作系统。如果硬盘中没有一个主分区被设置为活动分区，该硬盘将无法正常启动。

　　另外，硬盘的分区格式一般选用 NTFS 格式。NTFS 是一种特别为磁盘配额、文件加密和网络应用等管理安全特性而设计的硬盘分区格式，其优点是安全性和稳定性非常好，在使用过程中不易产生文件碎片，并能对用户的操作进行记录，通过对用户权限非常严格的限制，使每个用户只能按照系统赋予的权限进行操作，充分保护了系统和数据的安全。

二、认识硬盘格式化

格式化操作可分为低级格式化和高级格式化，一块新硬盘一般要经过低级格式化、分区、高级格式化操作后才能使用。另外，硬盘使用前的高级格式化还能判别硬盘磁道和扇区有无损伤，如果格式化过程畅通无阻，硬盘一般无大碍。

1. 低级格式化

低级格式化针对硬盘的磁道为单位进行工作，这个格式化动作是在硬盘分区和高级格式化之前做的，通常一般的使用者并不会进行这个操作。低级格式化将空白的磁盘划分出柱面和磁道，再将磁道划分为若干个扇区，每个扇区又划分出标识部分 ID、间隔区 GAP 和数据区 DATA 等。

低级格式化是在高级格式化之前的一件工作，它只能在 DOS 环境来完成。而且低级格式化只能针对一块硬盘而不能支持单独的某一个分区。每块硬盘在出厂时已由硬盘生产商进行低级格式化，因此使用者通常无需再进行低级格式化操作。

2. 高级格式化

高级格式化是硬盘分区后必须进行的一步重要操作，其功能就是清除硬盘上的数据、生成引导区信息、初始化 FAT 表、标注逻辑坏道等，一般重装系统时都会进行高级格式化。根据作用的不同，高级格式化又可分为完全格式化和快速格式化两种。

（1）完全格式化

执行这种格式化操作，格式化程序会在当前分区的文件分配表中将分区的每个扇区标记为可用，并对硬盘进行扫描，以检测是否有坏扇区。由于需要对坏道进行检查，所以通常花费较长的时间。

（2）快速格式化

与完全格式化相比，快速格式化并没有真正地抹去硬盘中的数据，只是在文件分配表中做删除标记，不会对磁盘的坏道进行检查，其格式速度非常快。只有在硬盘以前曾被格式化过并且在能确保硬盘没有损坏的情况下，才可以使用快速格式化。

三、使用 DiskGenius 进行硬盘分区

DiskGenius 是一款多功能的数据恢复与磁盘分区软件，它具有强大的分区格式化功能，还具有已删除文件恢复、分区复制、分区备份、硬盘复制和数据恢复等功能。DiskGenius 分为 DOS 版和 Windows 版，下面以 DOS 版的 DiskGenius 程序为例，详细介绍如何对一块新硬盘进行分区操作。

1. 手动硬盘分区

手动分区就是使用创建分区命令逐步地创建主分区、扩展分区及逻辑分区，使用手动分区创建硬盘分区更具灵活性，具体操作方法如下：

Step 01 使用 U 盘启动盘启动电脑，在启动菜单中选择"运行 MaxDos 工具箱增强版菜单"选项，如图 2-23 所示。

Step 02 进入所选菜单的子菜单，选择"运行 MaxDos9.3 工具箱增强版 G"选项，如图 2-24 所示。

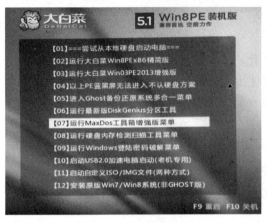

图 2-23　选择启动菜单　　　　　　　　　　　图 2-24　选择子菜单

Step 03 进入 DOS 工具箱主菜单界面，使用鼠标选择"2.硬盘……分区工具"选项，如图 2-25 所示。

Step 04 进入分区工具界面，使用鼠标选择"1.Diskgen…分区工具"选项，如图 2-26 所示。

图 2-25　选择主菜单　　　　　　　　　　　图 2-26　选择分区软件

Step 05 启动 DiskGenius 程序，右击磁盘空闲空间，在弹出的快捷菜单中选择"建立新分区"命令，如图 2-27 所示。

Step 06 弹出"建立新分区"对话框，选中"主磁盘分区"单选按钮，选择文件系统类型为 NTFS，输入分区大小，单击"确定"按钮，即可创建主分区，如图 2-28 所示。

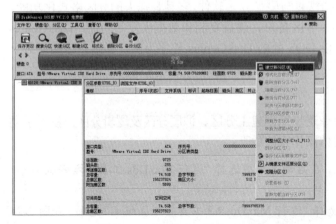

图 2-27　DiskGenius 程序　　　　　　　　　图 2-28　设置创建主分区

Step 07 选择"空闲"空间，在工具栏中单击"新建分区"按钮，如图 2-29 所示。

Step 08 弹出"建立新分区"对话框，选中"扩展磁盘分区"单选按钮，输入分区大小，然后单击"确定"按钮，如图 2-30 所示。

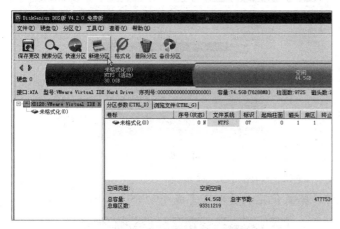

图 2-29 单击"新建分区"按钮　　　　图 2-30 设置创建扩展分区

Step 09 此时即可在硬盘中创建扩展分区。扩展分区是不能直接用于存储数据的，它用于划分逻辑分区，如图 2-31 所示。

Step 10 选择扩展分区中的"空闲"区域，在工具栏中单击"新建分区"按钮，如图 2-32 所示。

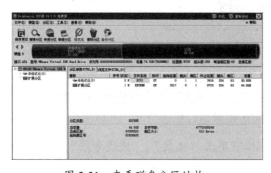

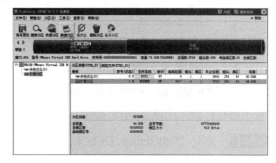

图 2-31 查看磁盘分区结构　　　　图 2-32 单击"新建分区"按钮

Step 11 弹出"建立新分区"对话框，选中"逻辑分区"单选按钮，选择 NTFS 文件系统类型，输入分区大小，然后单击"确定"按钮，即可创建逻辑分区，如图 2-33 所示。

Step 12 采用同样的方法，继续创建逻辑分区（在程序分区图示中逻辑分区用网格表示）。创建完成后，在工具栏单击"保存更改"按钮，弹出提示信息框，单击"是"按钮，如图 2-34 所示。在 DiskGenius 程序中创建分区后并不会立即保存到硬盘，而是仅在内存中建立。执行"保存更改"命令后才能保存分区到硬盘，并自动格式化分区，以使其能够使用。

专家指导
Expert
guidance
➡

　　　通过 DiskGenius 的复制分区功能可以快速地将一个分区的数据复制到另一个分区，并提供了三种复制方式：复制所有扇区、按文件系统结构原样复制和按文件复制，其中"按文件系统结构原样复制"速度最快。

图 2-33 设置创建逻辑分区

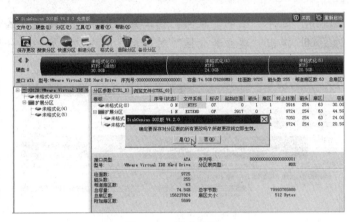

图 2-34 保存分区

Step 13 弹出提示信息框,单击"是"按钮,如图 2-35 所示。

Step 14 开始对分区进行格式化操作,格式化完成后即可完成手动分区,如图 2-36 所示。

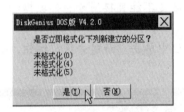

图 2-35 确认格式化操作

图 2-36 开始格式化分区

2. 一键硬盘分区

使用 DiskGenius 的快速分区功能可以对新硬盘进行一步到位的分区操作。快速分区功能对于已存在分区的硬盘同样适用。下面将介绍如何对硬盘进行快速分区,具体操作方法如下:

Step 01 启动 DiskGenius DOS 版程序,在菜单栏中单击"硬盘"|"快速分区"命令,如图 2-37 所示。

Step 02 弹出"快速分区"对话框,在左侧选择分区数目,在右侧"高级设置"选项区中设置分区大小,然后单击"确定"按钮,如图 2-38 所示。

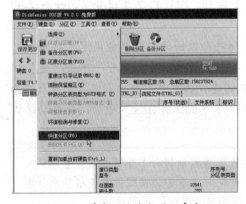

图 2-37 单击"快速分区"命令

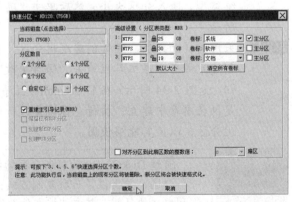

图 2-38 设置快速分区

Step 03 此时即可开始对分区进行格式化操作，如图 2-39 所示。

Step 04 格式化完成后，即可查看分区效果。若要删除磁盘分区，可单击"硬盘"|"删除所有分区"命令，如图 2-40 所示。

图 2-39　开始快速分区　　　　　　　　图 2-40　删除所有分区

3. 建立新分区

有时需要从一个已经创建的分区上建立新分区，使用 DiskGenius 可以轻松实现，具体操作方法如下：

Step 01 右击逻辑分区，在弹出的快捷菜单中选择"建立新分区"命令，如图 2-41 所示。

Step 02 弹出"调整分区容量"对话框，输入"分区后部的空间"大小，然后单击"开始"按钮，如图 2-42 所示。

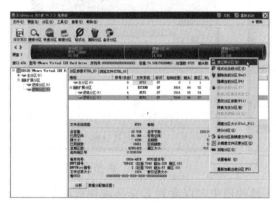

图 2-41　选择"建立新分区"命令　　　　　图 2-42　输入分区大小

Step 03 弹出提示信息框，确认无误后单击"是"按钮，如图 2-43 所示。

Step 04 开始调整分区容量，并在分区后部创建新分区，结束后单击"完成"按钮即可，如图 2-44 所示。

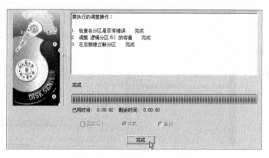

图 2-43　确认操作　　　　　　　　　　图 2-44　完成分区创建

四、使用 Acronis Disk Director 调整硬盘分区

前面介绍的分区操作是在 DOS 下进行的，下面将介绍如何在 Windows7 系统下调整硬盘分区。此时需要借助一款分区软件 Acronis Disk Director，它是一款功能强大的硬盘分区工具，通过它可以轻松分割磁盘分区并改变分区容量大小，关键是它能够做到"无损操作"，不会遗失任何数据。

1．调整分区容量

下面将介绍如何使用 Acronis Disk Director 程序调整硬盘分区大小，如通过减小 E 分区大小来增大系统分区 C 分区的大小，具体操作方法如下：

Step 01 启动 Acronis Disk Director 程序，并切换到"手动模式"视图，查看当前硬盘分区的结构图。在右侧的磁盘分区中选择 E 分区，在左侧任务窗格中单击"重新调整"超链接，如图 2-45 所示。

Step 02 弹出"重新调整分区"对话框，将鼠标指针置于分区图示的左侧边界，当其变成双向箭头时向右拖动，减小分区容量，然后单击"确定"按钮，如图 2-46 所示。也可以在"未分配空间之前于"文本框中直接输入要减小的容量。

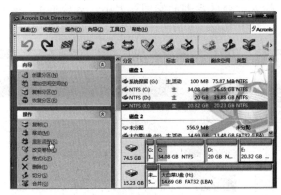

图 2-45　"Acronis Disk Director"程序　　　　图 2-46　调整分区容量

Step 03 返回 Acronis Disk 程序主界面，在分区结构图中可以看到 E 分区左侧出现了"未分配"空间。选择 D 分区，在任务窗格中单击"重新调整"超链接，如图 2-47 所示。

Step 04 弹出"重新调整分区"对话框，将鼠标指针置于分区图示上，当其变为 ✛ 形状时单击并向右拖动，如图 2-48 所示。

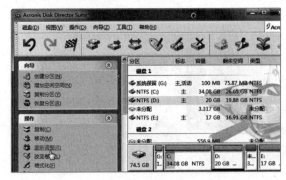

图 2-47　单击"重新调整"超链接　　　　图 2-48　移动分区位置

Step 05 将 D 分区拖至最右侧,单击"确定"按钮,如图 2-49 所示。通过拖动分区图示可以轻松地调整其位置,通过拖动分区图示的左、右边界可以调整其大小。

Step 06 此时,在分区结构图中可以看到"未分配"空间位置移到了系统分区 C 盘的右侧,选择 C 分区,在任务窗格中单击"重新调整"超链接,如图 2-50 所示。

图 2-49 确定分区位置移动   图 2-50 单击"重新调整"超链接

Step 07 弹出"重新调整分区"对话框,将鼠标指针置于分区图示右侧的边界上,当其变为双向箭头时向右拖动鼠标,调整 C 分区大小,如图 2-51 所示。

Step 08 分区大小调整完毕后单击"确定"按钮,如图 2-52 所示。

图 2-51 调整分区容量   图 2-52 确认调整操作

Step 09 查看此时的硬盘分区结构图,可以看到 C 分区的容量已经扩大。需要注意的是,此时的分区表只是在内存中暂存,并未保存到硬盘,单击工具栏中的"提交"按钮,如图 2-53 所示。

Step 10 在弹出的提示信息框中查看将要完成的操作,单击"继续"按钮,如图 2-54 所示。

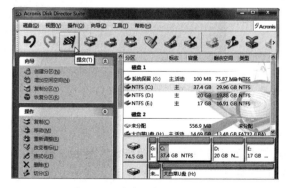 

图 2-53 单击"提交"按钮   图 2-54 查看操作信息

Step 11 开始进行调整分区操作，完成后弹出警告框，单击"重新启动"按钮，如图2-55所示。一般情况下系统分区的调整操作无法直接在 Windows 系统中完成，需要重启电脑后在 DOS 下完成。

Step 12 在重启电脑过程中自动进入 DOS 界面，等待程序完成调整分区的操作，需要耐心等待几分钟，完成后将自动进入 Windows 7 系统，如图2-56所示。注意，在程序调整分区过程中不能关闭或重启电脑，否则将导致分区无法打开。

图2-55　单击"重新启动"按钮

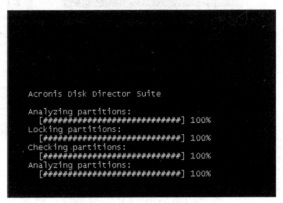
图2-56　开始调整分区容量

2. 合并分区

使用"Acronis Disk Director"程序可以将相邻的两个分区合并为一个分区，而不会损坏分区中原有的数据。例如，将 E 分区合并到 D 分区中，具体操作方法如下：

Step 01 在 D 盘上新建一个文件夹并将其重命名为 e，如图2-57所示。

Step 02 启动 Acronis Disk Director 程序，选择 E 分区，在任务窗格中单击"合并"超链接，如图2-58所示。

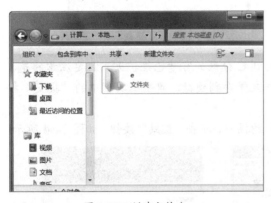
图2-57　创建文件夹

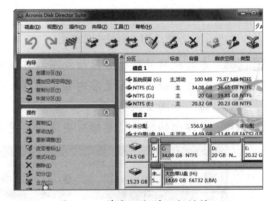
图2-58　单击"合并"超链接

Step 03 弹出"合并分区"对话框，选择要合并到的分区，在此选择 D 分区，然后单击"下一步"按钮，如图2-59所示。

Step 04 展开分区 D 目录，在其目录层次图中选择第 1 步中新建文件夹 e，然后单击"确定"按钮，如图2-60所示。也可在此对话框中单击"新建"按钮，新建一个用来包含被合并分区的文件夹。需要注意的是，选择的文件夹必须为空文件夹，否则操作完成后其中的数据将被覆盖。

图 2-59　选择要合并到的分区

图 2-60　选择合并文件夹

Step 05 查看此时的硬盘分区结构图，可以看到程序已经将原分区 E 合并到分区 D 中了，在工具栏中单击"提交"按钮，如图 2-61 所示。

Step 06 在弹出的对话框中查看要完成的操作，单击"继续"按钮，如图 2-62 所示。

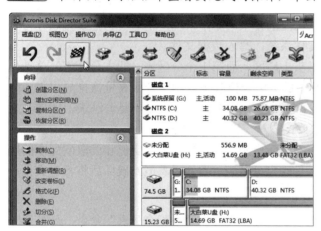

图 2-61　查看硬盘分区结构图

图 2-62　查看完成操作信息

Step 07 开始进行合并分区操作，并显示操作进度，如图 2-63 所示。

Step 08 合并分区完成后将弹出提示信息框，单击"确定"按钮，如图 2-64 所示。

图 2-63　开始合并分区

图 2-64　完成合并分区操作

Step 09 合并分区完成，查看此时的硬盘分区结构图，如图 2-65 所示。

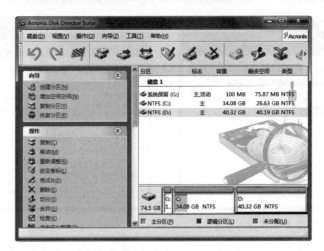

图 2-65　查看分区结构图

五、备份硬盘分区表

硬盘分区表可以说是支持硬盘正常工作的骨架。操作系统正是通过它把硬盘划分为若干个分区，然后在每个分区里面创建文件系统，写入数据文件。

分区表一般位于硬盘某柱面的 0 磁头 1 扇区，而第 1 个分区表（即主分区表）总是位于硬盘的 0 柱面，1 磁头，1 扇区，剩余的分区表位置可以由主分区表依次推导出来。分区表有 64 个字节，占据其所在扇区的（441-509）字节。要判定是不是分区表，就看其后紧邻的两个字节（即 510-511）是不是 55AA，若是则为分区表。

分区表往往会由于病毒或电脑操作不当而遭到破坏，导致无法定位和读取硬盘中的数据。下面将介绍如何使用 DiskGenius 备份硬盘分区表，当分区表遭到破坏后将备份文件进行还原即可，具体操作方法如下：

Step 01 启动 DiskGenius 程序，在菜单栏中单击"硬盘"|"备份分区表"命令，如图 2-66 所示。

Step 02 弹出"设置分区表备份文件名及路径"对话框，选择保存位置并输入文件名，然后单击"保存"按钮，如图 2-67 所示。

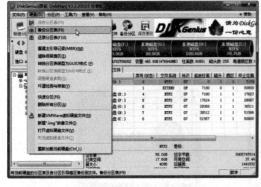 

图 2-66　单击"硬盘"|"备份分区表"命令　　　图 2-67　设置分区表备份文件名及路径

Step 03 弹出提示信息框，分区表备份完成，单击"确定"按钮，如图 2-68 所示。

Step 04　打开保存位置，查看备份的分区表文件，如图 2-69 所示。为了保证分区表文件的安全，应将其保存到硬盘以外的位置，如保存到 U 盘或移动硬盘中。要还原分区表，只需单击"硬盘"|"还原分区表"命令，然后选择 U 盘或移动硬盘中的分区表文件进行还原即可。

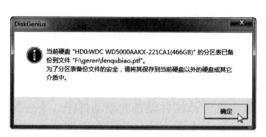

图 2-68　分区表备份完成

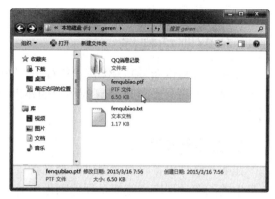

图 2-69　查看备份的分区表文件

 ## 任务三　安装与更新驱动程序

任务概述

　　安装操作系统之后，要想正常使用电脑的显卡、网卡和声卡等，就需要安装这些硬件的驱动程序。驱动程序可以最大限度地发挥电脑硬件的性能，不同型号的硬件有其专门的驱动程序，只有是这一型号或这一系列的才能使用该驱动，其他型号则不能使用。本任务将带领大家了解驱动程序及获取驱动程序的途径，讲解如何安装与更新驱动程序。

任务重点与实施

一、了解驱动程序

　　驱动程序（Device Driver），全称为"设备驱动程序"，是一种可以使电脑和设备通信的特殊程序，可以说相当于硬件的接口。操作系统只有通过这个接口才能控制硬件设备的工作，硬件设备需要在驱动程序的支持下才能被系统识别，并发挥最佳的性能。某个设备的驱动程序未能正确安装，便不能正常工作。

　　从理论上讲，所有的硬件设备都需要安装相应的驱动程序才能正常工作，但像 CPU、内存、主板、光驱、键盘和显示器等设备并不需要安装驱动程序也可以正常工作，而显卡、声卡和网卡等却一定要安装驱动程序，否则便无法正常工作。这主要是由于像 CPU 这些硬件对于一台个人电脑来说是必需的，所以早期的设计人员将这些硬件列为 BIOS 能直接支持的硬件。换句话说，上述硬件安装后就可以被 BIOS 和操作系统直接支持，不再需要另外安装驱动程序。

不同版本的操作系统对硬件设备的支持是不同的。一般情况下，版本越高的操作系统所支持的硬件设备也越多。除了特殊情况外，安装好 Windows 7 后会根据电脑硬件配置自动寻找和安装驱动程序。

二、获取驱动程序

在为安装做准备获取驱动程序前，首先需要了解电脑中各个硬件设备的型号，清楚了硬件设备的型号，就可以寻找相应的驱动程序，一般可以从以下几个途径来获取驱动程序：

1．配套安装盘

在购买硬件设备时都会提供配套光盘，这些盘中就有该硬件设备的驱动程序。不过配套盘中的的驱动程序一般都是硬件刚推出时的旧版本，而有实力的厂商都会定期更新驱动程序。在硬件从发售到退出市场的过程中，不断进行着最优化开发的新驱动会不断地涌现，而硬件的性能（包括兼容性、稳定性和速度）也会随着驱动程序的升级而得以更大的提升。因此，对于配套盘中的驱动程序，若版本过低，建议不使用配套光盘中的驱动程序，而从网上下载并安装最新版本的驱动程序。

2．系统自动提供

安装的操作系统几乎包含了绝大多数硬件的驱动程序，而且操作系统的版本越高兼容的硬件设备也就越多。不过硬件的更新总是领先于操作系统版本的更新，所以操作系统包含的驱动程序版本一般较低，不能完全发挥硬件的性能和提高其兼容性。因此，一般只有在无法通过其他途径获得驱动程序的情况下，才使用操作系统提供的驱动程序。

3．网络下载

新驱动的发布都是通过网络进行的，所以这是最为便捷的获取驱动程序的方式。用户可以从硬件厂商官方网站下载相应驱动程序（图 2-70），还可以使用搜索引擎搜索驱动程序，或到专业驱动下载网站进行下载，如图 2-71 所示即为使用百度搜索显卡的驱动程序。

图 2-70　从官方网站下载驱动程序

图 2-71　搜索驱动程序

三、安装与更新驱动程序

"快科技"（www.mydrivers.com）是在 IT 行业内居于主导地位的驱动程序下载、新闻资讯和产品评测网站，"驱动精灵"为其主要产品之一，它是一款专业的驱动程序的维护程序，可以实现智能驱动匹配、安装、更新与备份等功能。下面将详细介绍如何使用"驱动精灵"安装与更新驱动程序，具体操作方法如下：

Step 01 启动驱动精灵程序，在界面右下方单击"更多"按钮，如图 2-72 所示。

Step 02 打开"百宝箱"界面，在标签栏上选择"驱动程序"选项卡，如图 2-73 所示。

图 2-72　"驱动精灵"程序

图 2-73　选择"驱动程序"选项卡

Step 03 进入"驱动管理"界面，程序自动检测系统中未安装的驱动和需要升级的驱动。选中要安装和更新的驱动程序，在上方单击"一键安装"按钮，如图 2-74 所示。

Step 04 驱动精灵开始下载驱动程序，如图 2-75 所示。

图 2-74　单击"一键安装"按钮

图 2-75　开始下载驱动程序

Step 05 驱动程序下载完成后，即可开始进行安装，自动弹出驱动程序的安装对话框，根据安装向导安装驱动程序即可，如图 2-76 所示。依次逐个安装驱动程序，有的驱动程序安装完成后，提示需要重启系统，此时先选中"否，我以后重新启动计算机"复选框，直到所有驱动均安装完成。

Step 06 待所有驱动都已安装完成后，选中"是，我现在就重新启动计算机"单选按钮，然后单击"完成"按钮，重启电脑即可，如图 2-77 所示。

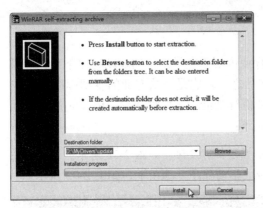

图 2-76 驱动安装对话框

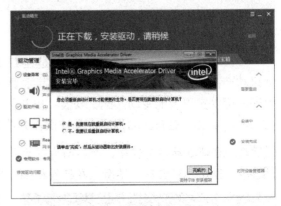

图 2-77 设置重启计算机

项目小结

通过本项目的学习，读者应重点掌握以下知识：

（1）系统应急盘可以在系统崩溃的情况下进入 PE 系统，备份硬盘里的重要文件。

（2）通过启动盘软件可以将 U 盘制作成启动盘，还可以在硬盘中安装 PE 工具箱。

（3）硬盘包含主分区、扩展分区、逻辑分区和活动分区 4 种分区形式。其中，主分区是用于安装操作系统的分区，一个硬盘最多只能划分 4 个主分区，逻辑分区主要用于存储数据。

（4）通过 U 盘启动盘可以启动 DiskGenius 分区软件，使用它可以对硬盘进行快速分区与调整操作。使用 Acronis Disk Director 分区软件可以在系统中硬盘分区进行调整。

（5）驱动程序控制硬件设备的工作，它可以最大限度地发挥电脑硬件的性能，不同型号的硬件有其专门的驱动程序。

项目习题

（1）制作一个 U 盘应急盘并进入其中的 PE 系统，查看所包含的系统维护工具。

（2）使用 Acronis Disk Director 对硬盘分区进行适当的调整。

（3）使用驱动精灵更新系统中设备的驱动程序。

项目三　备份与恢复硬盘数据

项目概述

　　硬盘中的重要数据丢失或损坏会给用户的学习和工作造成不可挽回的损失，所以应对重要的数据定时进行备份。当数据误删除后也不要惊慌，只要没有将硬盘低级格式化，一般都可以使用数据恢复软件将其恢复。在本项目中，将详细介绍如何备份和恢复硬盘数据。

项目重点

- 备份与还原数据。
- 恢复误删的数据。

项目目标

- 掌握备份与还原注册表、字体、网页收藏夹、QQ资料及重要文件的方法。
- 了解数据恢复知识。
- 掌握恢复已删除文件的方法。

任务一　备份与还原数据

任务概述

　　下面将介绍如何备份和还原电脑中的重要数据，其中包括备份与还原注册表、系统字体、QQ资料、使用系统备份和还原功能备份数据，以及使用工具软件备份与同步文件。

任务重点与实施

一、备份与还原注册表

　　对注册表编辑不当可能会严重损坏操作系统，在对注册表进行编辑前，应先备份整个注册表或重要的子键，以便在发生错误时进行恢复。备份与还原注册表的具体操作方法如下：

Step 01 按【Windows+R】组合键，打开"运行"对话框，输入 regedit 命令，然后单击"确定"按钮，如图 3-1 所示。

Step 02 打开"注册表编辑器"窗口，在左窗格中右击"计算机"选项，在弹出的快捷菜单中选择"导出"命令，如图 3-2 所示。

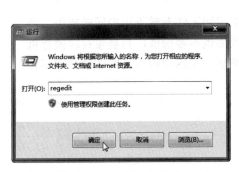

图 3-1　"运行"对话框　　　　　　　　图 3-2　"注册表编辑器"窗口

Step 03 弹出"导出注册表文件"对话框，选中"全部"单选按钮，选择导出位置并输入文件名，然后单击"保存"按钮，如图 3-3 所示。

Step 04 开始导出整个注册表文件，此时"注册表编辑器"可能会处于"未响应"状态，等待保存完成即可，如图 3-4 所示。

图 3-3　"导出注册表文件"对话框　　　　图 3-4　开始导出整个注册表

Step 05 打开保存位置，即可查看保存的注册表文件，如图 3-5 所示。

Step 06 若要导出注册表的子键，可在左窗格选中该子键，如展开 HKEY_CURRENT_USER\Software\Microsoft\Windows\CurrentVersion 子键，并右击该子键，在弹出的快捷菜单中选择"导出"命令，如图 3-6 所示。

图 3-5　查看导出的注册表文件

图 3-6　选择"导出"命令

Step 07 在弹出的对话框中选择保存位置并输入文件名，然后单击"保存"按钮，如图 3-7 所示。

Step 08 打开保存位置，查看导出的注册表子键文件。若要还原注册表设置，只需双击导出的注册表文件，在弹出的警告信息框中单击"是"按钮，如图 3-8 所示。

图 3-7　"导出注册表文件"对话框

图 3-8　确认导出注册表文件

二、备份与还原字体

系统字体是操作系统中各种文件能正常显示的基础，通常安装在系统分区下的 Font 文件夹中。如果系统文字损坏或丢失，电脑中的文字将无法正常显示。为了避免字体因系统问题丢失，可以将其备份到其他分区，具体操作方法如下：

Step 01 打开"所有控制面板项"窗口，单击"字体"超链接，如图 3-9 所示。

Step 02 打开"字体"窗口，选中要备份的字体文件，单击"组织"下拉按钮，在弹出的下拉列表中选择"复制"选项，如图 3-10 所示。

图 3-9　"所有控制面板项"窗口

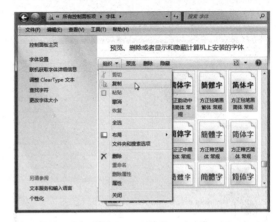

图 3-10　"字体"窗口

Step 03 打开备份位置，按【Ctrl+V】组合键粘贴字体文件即可，如图 3-11 所示。

Step 04 选中字体文件，在工具栏中单击打开方式下拉按钮，在弹出的下拉列表中选择"选择默认程序"选项，如图 3-12 所示。

图 3-11　粘贴字体文件

图 3-12　选择"选择默认程序"选项

Step 05 弹出"打开方式"对话框，选择"Windows 字体查看器"程序，在下方选中"始终使用选择的程序打开这种文件"复选框，然后单击"确定"按钮，恢复字体文件的默认打开程序，如图 3-13 所示。

Step 06 要还原字体文件，可选中所有备份的字体文件并右击，在弹出的快捷菜单中选择"安装"命令，如图 3-14 所示可。

图 3-13　"打开方式"对话框

图 3-14　选择"安装"命令

三、备份与还原收藏的网页

IE 浏览器收藏夹收藏着用户经常访问的网页地址，重装系统后这些记录就会全部被清除，给用户造成很大的不便，因此备份收藏夹是很有必要的。可以通过以下两种方式备份与还原收藏的网页：

1. 备份收藏的网页文件

在 Windows 7 系统中使用 IE 浏览器收藏的网页默认存放在"收藏夹"文件夹中，只需将网页文件复制到备份位置即可，具体操作方法如下：

Step 01 打开"开始"菜单，在右侧选择个人文件夹选项，如图 3-15 所示。

Step 02 打开个人文件夹，双击"收藏夹"文件夹，如图 3-16 所示。

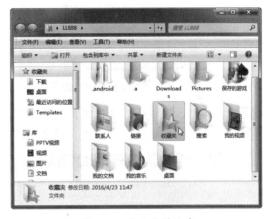

图 3-15　选择个人文件夹选项　　　　　　　图 3-16　个人文件夹窗口

Step 03 打开"收藏夹"文件夹，从中可以查看 IE 浏览器收藏的网页，如图 3-17 所示。将要备份的网页复制到备份位置即可。要还原收藏的网页，只需从备份位置将网页复制到"收藏夹"文件夹即可。

图 3-17　"收藏夹"文件夹

2. 导出 IE 收藏夹

使用 IE 的"导入/导出设置"向导可以轻松地将所有收藏的网页导出为文件，具体操作方法如下：

Step 01 打开 IE 浏览器，单击"收藏夹"按钮，打开收藏夹窗格，单击"添加到收藏夹"右侧的下拉按钮，在弹出的下拉列表中选择"导入和导出"选项，如图 3-18 所示。

Step 02 弹出"导入/导出设置"对话框，选中"导出到文件"单选按钮，然后单击"下一步"按钮，如图 3-19 所示。

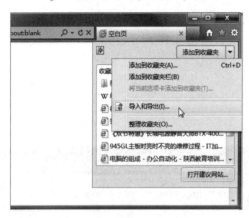
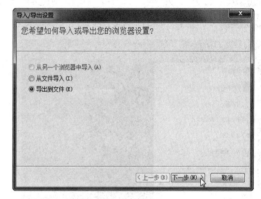

图 3-18　选择"导入和导出"选项　　　　图 3-19　　"导入/导出设置"对话框

Step 03 选中"收藏夹"复选框，单击"下一步"按钮，如图 3-20 所示。

Step 04 选中"收藏夹"文件夹，单击"下一步"按钮，如图 3-21 所示。

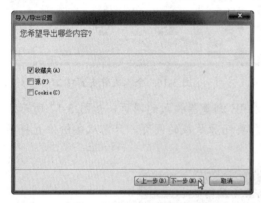

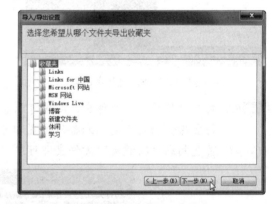

图 3-20　选择要导出的内容　　　　图 3-21　选择"收藏夹"文件夹

Step 05 输入文件导出路径，或单击"浏览"按钮，如图 3-22 所示。

Step 06 弹出"请选择书签文件"对话框，选择一个非系统盘的备份位置，输入文件名，然后单击"保存"按钮，如图 3-23 所示。

专家指导
Expert
guidance

　　还可将网页添加到收藏夹栏，以便快速打开收藏的网页。右击网页标题栏，在弹出的快捷菜单中选择"收藏夹栏"命令，即可显示收藏夹栏。打开要收藏的网页后，单击左侧的"添加到收藏夹栏"按钮即可。

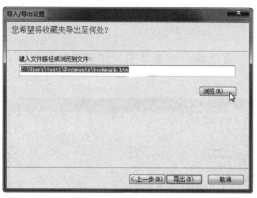

图 3-22 设置导出路径

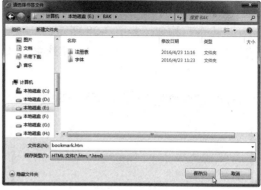

图 3-23 "请选择书签文件"对话框

Step 07 返回"导入/导出设置"对话框,单击"导出"按钮,即可导出 IE 收藏夹文件,如图 3-24 所示。

Step 08 此时已经成功导出收藏夹,单击"完成"按钮,如图 3-25 所示。

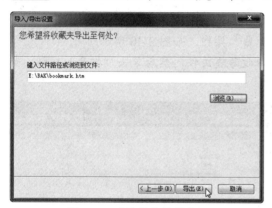

图 3-24 确认导出收藏夹

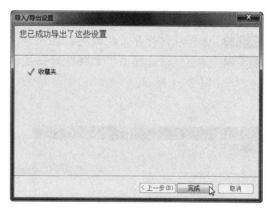

图 3-25 成功导出 IE 收藏夹

Step 09 打开导出位置,从中即可查看导出的收藏夹文件,为一个.htm 格式的网页文件,如图 3-26 所示。

Step 10 双击导出的文件即可将其打开,在打开的网页中列出了收藏的网页链接,如图 3-27 所示。

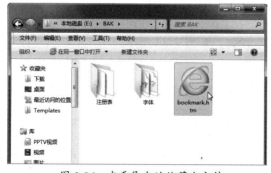

图 3-26 查看导出的收藏夹文件

图 3-27 打开收藏夹文件

若要还原 IE 收藏夹,只需将导出的收藏夹文件重新导入到 IE 浏览器即可,具体操作方法如下:

Step 01 打开"导入/导出设置"对话框，选中"从文件导入"单选按钮，然后单击"下一步"按钮，如图3-28所示。

Step 02 选择要导入的内容，在此选中"收藏夹"复选框，然后单击"下一步"按钮，如图3-29所示。

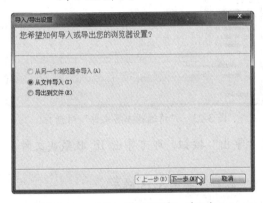

图3-28　"导入/导出设置"对话框　　　　图3-29　选择要导入的内容

Step 03 选择从何处导入收藏夹，在此单击"浏览"按钮，如图3-30所示。

Step 04 弹出"请选择书签文件"对话框，选择收藏夹文件，然后单击"打开"按钮，如图3-31所示。

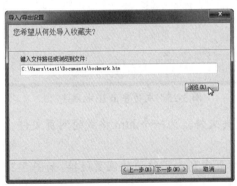

图3-30　设置从何处导入收藏夹　　　　图3-31　选择收藏夹文件

Step 05 返回"导入/导出设置"对话框，单击"下一步"按钮，如图3-32所示。

Step 06 选择"收藏夹"文件夹，单击"导入"按钮，如图3-33所示。

图3-32　"导入/导出设置"对话框　　　　图3-33　确定导入收藏夹

Step 07 开始导入收藏夹，根据导入的数量需要等待几分钟时间，导入成功后单击"完成"按钮即可，如图 3-34 所示。

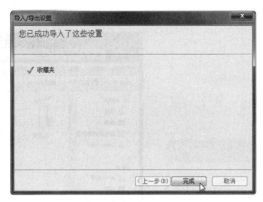

图 3-34 成功导入收藏夹

四、备份与还原 QQ 资料

QQ 是现在网络用户使用最多的即时通讯软件之一，下面将介绍如何对 QQ 表情和 QQ 聊天记录进行备份与恢复。

1. 备份与恢复 QQ 表情

使用 QQ 聊天时，QQ 表情是一种非常受欢迎的聊天手段。为了避免自己精心收藏的 QQ 表情因重装系统丢失，可以对其进行备份，具体操作方法如下：

Step 01 打开聊天窗口，然后打开 QQ 表情面板，单击右下方的"表情设置"按钮 ⚙，在弹出的菜单中选择"导入导出表情包"|"导出全部表情包"命令，如图 3-35 所示。

Step 02 弹出"另存为"对话框，选择保存位置，并输入文件名，然后单击"保存"按钮，如图 3-36 所示。

图 3-35 QQ 表情面板

图 3-36 "另存为"对话框

Step 03 开始向指定位置导出表情包，导出完成后弹出提示信息框，单击"确定"按钮，如图 3-37 所示。

Step 04 打开保存位置，即可查看导出的 QQ 表情包文件，如图 3-38 所示。若要导入 QQ 表情，则直接双击该表情包文件即可，还可在"表情设置"菜单中选择"导入表情包"命令。

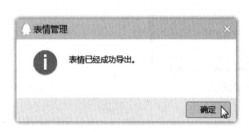

图 3-37　表情导出成功　　　　　　图 3-38　查看导出的 QQ 表情

2. 备份与恢复消息记录

对于较为重要的聊天消息，可以将其备份起来，以便在需要时进行查看。备份和恢复 QQ 消息记录的具体操作方法如下：

Step 01 在 QQ 主面板下方单击"打开消息管理器"按钮🔊，如图 3-39 所示。

Step 02 打开"消息管理器"窗口，在左侧选择并右击要导出消息记录的联系人，在弹出的快捷菜单中选择"导出消息记录"命令，如图 3-40 所示。

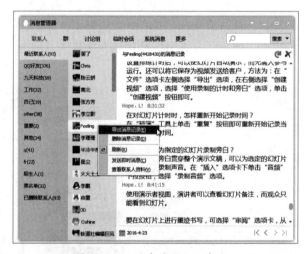

图 3-39　QQ 主面板　　　　　　图 3-40　"消息管理器"窗口

Step 03 弹出"另存为"对话框，选择保存位置，然后单击"保存"按钮，如图 3-41 所示。

Step 04 消息记录保存完成后打开保存位置，即可查看保存的消息记录文件，如图 3-42 所示。

图 3-41 "另存为"对话框

图 3-42 查看备份的消息记录

Step 05 若要将所有联系人的 QQ 消息记录全部导出，可单击窗口右上方的"工具"按钮■，在弹出的菜单中选择"导出全部消息记录"选项，如图 3-43 所示。

Step 06 弹出"另存为"对话框，输入文件名，然后单击"保存"按钮，如图 3-44 所示。

图 3-43 设置导出全部消息记录

图 3-44 保存消息记录

Step 07 打开导出位置，查看导出的消息记录文件，如图 3-45 所示。

Step 08 当需要导入消息记录时，可打开"消息管理器"窗口，并单击右上方的"工具"按钮■，选择"导入消息记录"选项，如图 3-46 所示。

图 3-45 查看导出的消息记录文件

图 3-46 设置导入消息记录

Step 09 弹出"数据导入工具"对话框,选中"消息记录"复选框,然后单击"下一步"按钮,如图 3-47 所示。

Step 10 选中"从指定文件导入"单选按钮,然后单击"浏览"按钮,如图 3-48 所示。

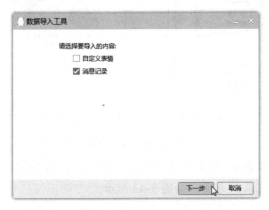

图 3-47 "数据导入工具"对话框　　　　图 3-48 选择导入方式

Step 11 弹出"打开"对话框,选择消息记录文件,单击"打开"按钮,如图 3-49 所示。

Step 12 开始导入消息记录,导入成功后单击"完成"按钮即可,如图 3-50 所示。

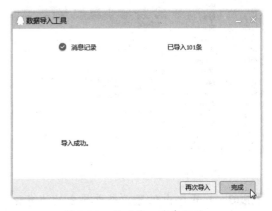

图 3-49 "打开"对话框　　　　图 3-50 成功导入消息记录

五、使用系统备份和还原工具

Windows 7 系统提供了文件的备份和还原功能,可以利用此功能将重要文件备份起来,下面将对其进行详细介绍。

1. 备份文件

为了确保重要的文件不会丢失,应当定期备份这些文件。使用系统备份功能备份文件的具体操作方法如下:

Step 01 打开"所有控制面板项"窗口,单击"备份和还原"超链接,如图 3-51 所示。

Step 02 打开"备份和还原"窗口,单击"设置备份"超链接,如图 3-52 所示。

图 3-51　"所有控制面板项"窗口

图 3-52　"备份和还原"窗口

Step 03 弹出"设置备份"对话框，选择要保存备份的位置，在此选择 M 分区，然后单击"下一步"按钮，如图 3-53 所示。

Step 04 选中"让我选择"单选按钮，然后单击"下一步"按钮，如图 3-54 所示。

图 3-53　"设置备份"对话框

图 3-54　选中"让我选择"单选按钮

Step 05 选中要备份的内容，如在此选中 E 分区下的 BAK 和"材料"文件夹，在下方取消选择"包括驱动器（D:）、（C:）的系统映像"复选框，单击"下一步"按钮，如图 3-55 所示。

Step 06 查看备份设置信息，确认无误后单击"保存设置并运行备份"按钮，如图 3-56 所示。

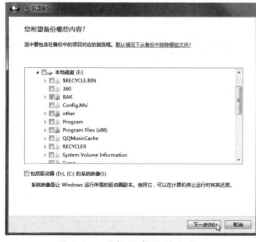
图 3-55　选择要备份的内容

图 3-56　保存设置

Step 07　返回"备份和还原"窗口，单击"立即备份"按钮，如图 3-57 所示。

Step 08　系统开始进行备份操作并显示进度，此时只需等待备份完成即可，如图 3-58 所示。

图 3-57　单击"立即备份"按钮　　　　　　　图 3-58　开始进行备份

Step 09　系统备份完成，查看备份大小，如图 3-59 所示。

Step 10　打开备份位置，查看备份的文件，如图 3-60 所示。

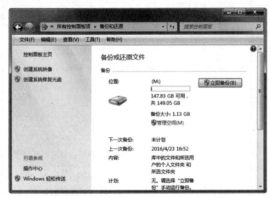

图 3-59　备份完成　　　　　　　　　　图 3-60　查看备份文件

2．还原文件

当原文件受到损坏后，可以从备份文件中将其进行还原，可以还原指定的文件、文件夹或全部文件，具体操作方法如下：

Step 01　打开"备份和还原"窗口，单击"还原我的文件"按钮，如图 3-61 所示。

Step 02　弹出"还原文件"对话框，单击"浏览文件夹"超链接，如图 3-62 所示。

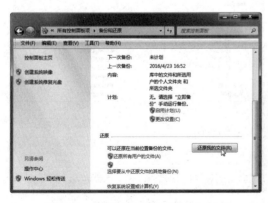

图 3-61　单击"还原我的文件"按钮　　　　　图 3-62　"还原文件"对话框

Step 03 弹出"浏览文件夹或驱动器的备份"对话框，双击"E:的备份"文件夹，如图3-63所示。

Step 04 在打开的文件中选择要还原的备份文件，然后单击"添加文件夹"按钮，如图3-64所示。

图3-63　"浏览文件夹或驱动器的备份"对话框

图3-64　添加文件夹

Step 05 采用同样的方法继续添加要还原的文件，添加完成后单击"下一步"按钮，如图3-65所示。

Step 06 选中"在以下位置"单选按钮，取消选择"将文件还原到它们的原始子文件夹"复选框，然后单击"浏览"按钮，如图3-66所示。

图3-65　添加要还原的文件

图3-66　单击"浏览"按钮

Step 07 弹出"浏览文件夹"对话框，选择文件要还原到的位置，然后单击"确定"按钮，如图3-67所示。

Step 08 返回"还原文件"对话框，单击"还原"按钮，如图3-68所示。

专家指导
Expert
guidance

打开"备份和还原"窗口，单击"管理空间"按钮，在打开的窗口中可以查看备份文件。为了节省磁盘空间，可以删除某个不需要的备份版本，建议始终保留最近的备份。

图 3-67　"浏览文件夹"对话框　　　　图 3-68　单击"还原"按钮

Step 09　程序开始向指定位置还原文件，并显示还原进度，如图 3-69 所示。

Step 10　文件还原完成，单击"完成"按钮，如图 3-70 所示。单击"查看还原的文件"超
　　　　链接，即可打开还原位置，查看还原的文件。

图 3-69　开始还原文件　　　　　　　图 3-70　还原完成

六、使用工具软件备份与同步文件

　　GoodSync 是著名的文件同步备份工具，GoodSync 可以在任意两台电脑或者存储设备
之间进行数据和文件的同步备份工作，不仅能够同步本地硬盘里的文件，还能同步局域网
指定机器之间的数据，同时还能远程同步 ftp 服务器等资料。GoodSync 的同步备份工作不
会产生多余的文件，双向同步或者单向同步都能过滤已有的文件，彻底杜绝冗余文件。下
面介绍如何使用 GoodSync 同步备份的文件，具体操作方法如下：

Step 01　启动 GoodSync 程序，弹出"新建任务"对话框，输入任务名称，选中"备份"
　　　　单选按钮，然后单击"确定"按钮，如图 3-71 所示。

Step 02　打开"GoodSync"程序窗口，单击左侧的"浏览"按钮，如图 3-72 所示。

图 3-71　"新建任务"对话框

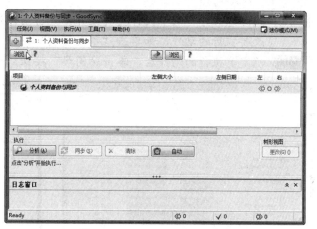

图 3-72　"GoodSync"程序窗口

Step 03 打开"左侧文件夹"窗口，在左窗格中选择 My Computer 选项，在右侧选择要备份的文件，然后单击"OK"按钮，如图 3-73 所示。

Step 04 返回 GoodSync 程序窗口，单击右侧的"浏览"按钮，如图 3-74 所示。

图 3-73　"左侧文件夹"窗口

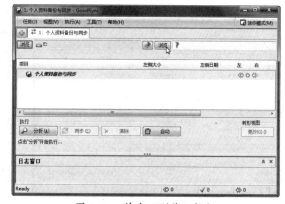

图 3-74　单击"浏览"按钮

Step 05 打开"右侧文件夹"窗口，选择备份位置，在此选择移动硬盘中的"备份"文件夹，然后单击"OK"按钮，如图 3-75 所示。

Step 06 原文件位置和备份文件位置设置完成后，单击"分析"按钮，如图 3-76 所示。

图 3-75　"右侧文件夹"窗口

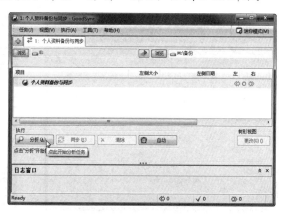

图 3-76　单击"分析"按钮

Step 07 此时开始分析两个文件夹的差异，并自动执行相应的动作。也可根据需要手动更改要执行的动作，如单击"不要复制"按钮，如图 3-77 所示。

Step 08 确定要执行的动作后，单击"同步"按钮，如图 3-78 所示。

图 3-77　更改要执行的动作

图 3-78　单击"同步"按钮

Step 09 此时即可开始向备份文件夹备份文件，并显示备份进度，如图 3-79 所示。

Step 10 同步操作完成，在程序界面中显示左、右文件"相等"，备份完成，如图 3-80 所示。

图 3-79　开始同步文件

图 3-80　同步完成

Step 11 打开备份位置，查看备份的文件，如图 3-81 所示。

Step 12 若原文件或备份文件中，某些文件作了更改，则可以通过"同步"操作使原文件和备份文件保持一致。单击"分析"按钮，如图 3-82 所示。

图 3-81　查看备份的文件

图 3-82　单击"分析"按钮

Step 13 此时即可分析出原文件和备份文件之间的差异，并自动执行相应的动作，单击"同步"按钮，如图 3-83 所示。也可根据需要手动更改要执行的动作，如单击"不要复制"按钮○、"从右向左"按钮◀。在分析文件后，如果发现左、右文件夹中相同的文件内容、大小或其他属性不同，则会产生冲突，需要手动选择执行怎样的操作。

Step 14 同步操作完成，查看结果，如图 3-84 所示。

图 3-83　单击"同步"按钮

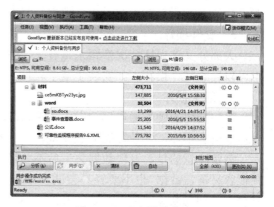

图 3-84　同步操作完成

任务二　恢复删除的数据

任务概述

在 Windows 系统下的文件删除和磁盘格式化都属于高级格式化，其实并没有真正的删除文件，只要磁盘有多余的空间，并且没有被其他文件占据，都是可以恢复的。在本任务中，将介绍如何使用数据恢复软件来恢复删除硬盘数据。

任务重点与实施

一、数据恢复综述

硬盘数据丢失是多方面原因引起的，下面列举了硬盘数据丢失的常见原因以及一些注意事项。硬盘数据丢失的常见原因如下：

1. 误删除

由于误操作而引起的文件丢失。对于这类故障有着很高的数据恢复成功率，即便后期进行过其他操作，也有希望将数据找回。

2. 误分区、误复制

在使用分区软件或 Ghost 时，由于用户的误操作而导致数据丢失，这类逻辑故障也可以进行恢复，不过恢复的难度相对较大。

3．误格式化

用户在系统崩溃后忘记硬盘中（一般是 C 盘）还有一些重要资料，然后格式化并重装了系统，这种情况一般也可以恢复。

4．病毒破坏

病毒破坏数据的几率是很大的，它破坏数据的方式有多种：一是将硬盘的分区表改变，导致分区丢失；二是删除用户文件，主要是破坏.doc、.xls、.jpg、.mpg 等几种类型的文件。对于病毒破坏引起的数据丢失，数据恢复有着很高的恢复成功率。

5．文件损坏

大部分文件损坏情况都跟杀毒有关，被感染的文件在杀毒后就打不开了。其他的方式也可以导致文件损坏，如安装了某个软件、运行了某个程序，或遭遇黑客攻击等。

6．磁头损坏

磁头损坏的硬盘通电后会发出异响，此时应立刻关闭电源，停止任何操作，以免对硬盘造成更多损坏，致使数据无法恢复，然后携带硬盘找专业数据恢复公司恢复数据。

需要注意的是，发现数据丢失后不要轻易尝试任何操作，尤其是对硬盘的写操作，否则很容易覆盖数据。也不要轻易尝试 Windows 的系统还原功能，这并不会找回丢失的文件，只会给后期的恢复造成不必要的麻烦。不要反复使用杀毒软件，这些操作也无法找回丢失的文件。数据丢失后的硬盘不要做开机自检和碎片整理操作。

二、恢复误删文件的注意事项

在误删文件后，能否成功恢复文件很大程度上取决于如何对待硬盘，以及在误删除发生后有多少信息被写到硬盘上了。应注意不要在发生数据丢失的硬盘上继续工作，特别注意以下事项：

①不要继续使用被误删除文件的系统。

②不要使用该系统上网，收邮件，听音乐，看电影，创建文档。

③不要重启或者关闭系统。

④不要安装文件到想要恢复删除文件的系统上。

⑤对系统操作越多，恢复成功的可能性就越小。

⑥千万不要对该硬盘进行碎片整理或者执行任何磁盘检查工具。如果这样做的话，很有可能会清除掉想要恢复的文件在磁盘上的任何遗留信息。

⑦为了得到最佳效果，最好是在误删文件后尽早运行数据恢复软件。

三、常用数据恢复软件

数据恢复软件有很多种，常用的有"软媒数据恢复""EasyRecovery""FinalData""易我数据恢复向导""WinHex"等。

"软媒数据恢复"软件是一款可以帮助用户恢复被误删掉的文件数据的工具，支持恢复硬盘、U 盘、移动硬盘、SD 卡上的数据文件，其程序界面如图 3-85 所示。

"EasyRecovery"是著名数据恢复公司 Ontrack 开发的一款功能非常强大的硬盘数据恢复工具，它能够恢复丢失的数据以及重建文件系统。"EasyRecovery"不会向原始驱动器写入任何文件，它主要是在内存中重建文件分区表使数据能够安全地恢复到其他驱动器中，其程序界面如图 3-86 所示。

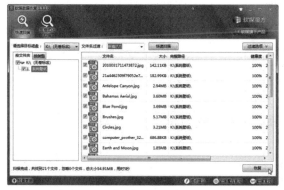

图 3-85　"软媒数据恢复"　　　　　　　　图 3-86　"EasyRecovery"程序界面

　　FinalData 是一款很优秀的数据恢复软件，当文件被误删除（并从回收站中清除）、FAT 表或者磁盘根区被病毒侵蚀造成文件信息全部丢失、物理故障造成 FAT 表或者磁盘根区不可读，以及磁盘格式化造成的全部文件信息丢失之后，FinalData 都能够通过直接扫描目标磁盘抽取并恢复出文件信息，用户可以根据这些信息方便地查找和恢复自己需要的文件，其程序界面如图 3-87 所示。

　　易我数据恢复是国内自主研发的一款功能强大的数据恢复软件，可以非常有效地恢复删除或丢失的文件、恢复格式化的分区以及恢复分区异常导致丢失的文件，其程序界面如图 3-88 所示。

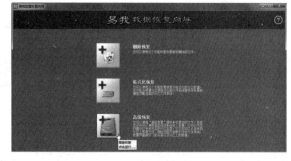

图 3-87　"FinalData"程序界面　　　　　　图 3-88　"易我数据恢复向导"程序界面

　　WinHex 是一个专门用来对付各种日常紧急情况的小工具，可以用来检查和修复各种文件、恢复删除文件、硬盘损坏、U 盘、数码相机卡损坏造成的数据丢失等。例如，将 U 盘插入电脑后无法打开，要求格式化 U 盘，而里面又有比较重要的文件。此时就可以使用 WinHex 的克隆功能恢复 U 盘数据，其程序界面如图 3-89 所示。

图 3-89　"WinHex"程序界面

四、使用 EasyRecovery 恢复数据

下面以恢复格式化后的 U 盘数据为例，介绍如何使用 EasyRecover 恢复格式化后驱动器中的数据，具体操作方法如下：

Step 01 启动 "EasyRecovery" 程序，在左侧选择 "数据恢复" 选项，在右侧单击 "格式化恢复" 按钮，如图 3-90 所示。

Step 02 弹出提示信息框，单击 "确定" 按钮，如图 3-91 所示。

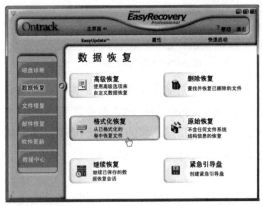

图 3-90 "EasyRecovery" 程序界面

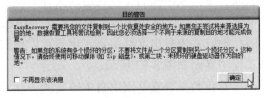

图 3-91 提示信息框

Step 03 在左侧选择 U 盘分区，选择 U 盘的文件系统，然后单击 "下一步" 按钮，如图 3-92 所示。

Step 04 程序开始扫描磁盘，此时需要耐心等待扫描完成，如图 3-93 所示。

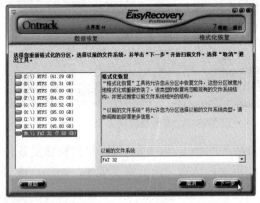

图 3-92 选择分区

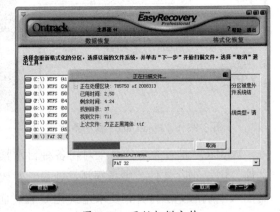

图 3-93 开始扫描文件

Step 05 在左侧树状文件列表中选择要恢复的文件夹，在右侧选择文件，然后单击 "下一步" 按钮，如图 3-94 所示。还可以对搜到的文件按类型、日期、大小等参数进行筛选，选中 "使用过滤器" 复选框，并单击 "过滤器选项" 按钮，在弹出的对话框中进行设置即可。

Step 06 在打开的界面中单击 "浏览" 按钮，如图 3-95 所示。

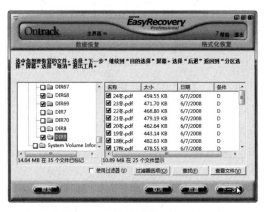

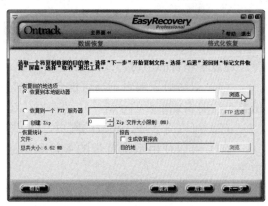

图 3-94　选择要恢复的文件　　　　　　　　　　图 3-95　单击"浏览"按钮

Step 07 在弹出的对话框中选择文件恢复位置，然后单击"确定"按钮，如图 3-96 所示。

Step 08 返回"EasyRecovery"程序，单击"下一步"按钮，如图 3-97 所示。

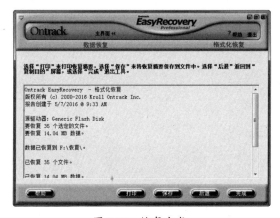

图 3-96　"浏览文件夹"对话框　　　　　　　图 3-97　设置恢复位置

Step 09 程序开始向恢复位置复制文件，等待恢复完即可。若要完成恢复文件操作，可单击"完成"按钮；若继续恢复其他文件，可单击"后退"按钮回到之前界面，如图 3-98 所示。

Step 10 打开文件恢复位置，即可找到恢复的文件，如图 3-99 所示。

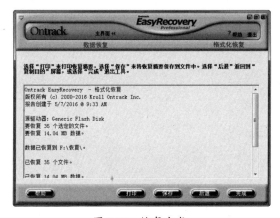

图 3-98　恢复完成　　　　　　　　　　　图 3-99　查看恢复的文件

项目小结

通过本项目的学习，读者应重点掌握以下知识：

（1）对注册表编辑不当可能会严重破坏操作系统，在对注册表进行编辑前，应先备份整个注册表或重要的子键，以便在发生错误时进行恢复。

（2）可以将字体、收藏的网页、QQ 资料备份，待需要时进行还原。

（3）可以使用系统自带的备份和还原功能或使用备份与同步软件将重要文件备份起来。

（4）在 Windows 系统下的文件删除和磁盘格式化都属于高级格式化，其实并没有真正地删除文件，只要磁盘有多余的空间，并且没有被其他文件占据，都是可以恢复的。

项目习题

（1）练习备份与还原注册表、字体、网页与 QQ 资料等操作。

（2）使用备份与还原工具将重要文件备份到外部磁盘中。

（3）熟悉 GoodSync 工具的使用方法。

（4）删除 U 盘文件，并使用数据恢复软件进行数据恢复。

项目四 备份与恢复操作系统

项目概述

　　在使用电脑的过程中，可能会发生驱动丢失、系统崩溃、系统运行极其缓慢、频繁报错且无法修复的故障。虽然可以通过重装系统来排除，但这样做过于麻烦，又会消耗掉大量的时间。用户可以在系统正常时进行备份，当出现故障时进行恢复即可。在本项目中，将详细讲解备份与恢复操作系统的方法与技巧。

项目重点

　　❥ 备份与还原操作系统的注意事项。
　　❥ 使用系统功能备份和恢复系统。
　　❥ 使用系统备份与恢复软件。

项目目标

　　➲ 熟悉备份与还原操作系统的注意事项。
　　➲ 掌握使用系统功能备份和恢复系统的方法。
　　➲ 掌握系统备份与恢复软件的使用方法。

任务一 使用系统功能备份和恢复系统

任务概述

　　Windows 7 操作系统中包含系统备份和还原工具，在系统崩溃或运行不正常时可以使用该工具使电脑轻松恢复为原来的正常状态。在本任务中，将详细讲解如何使用系统还原与备份和还原功能来备份与恢复操作系统。

任务重点与实施

一、备份系统的时机

　　在备份操作系统时，应选择一个比较好的时机。只有当系统在最佳状态下运行时，所备份的操作系统的稳定性及安全性才能得到保证。备份操作系统的最佳时机主要有：

> **安装完操作系统后**

安装完操作系统后并且安装了最新的系统补丁，以及安装了电脑中所有硬件的驱动程序后进行备份，在系统崩溃需要重装时就可以利用备份文件对系统进行恢复。

> **对系统优化后**

对操作系统进行全面杀毒，并且确定其中没有病毒或恶意程序，对电脑进行个性化设置或系统优化设置后进行系统备份，这样在恢复系统后就不必再重新进行系统设置了。

> **安装了重要软件后**

当向系统中安装了一些重要的软件后可以对系统进行备份，这样在系统崩溃后只需还原该备份，而无需再逐一安装这些软件了。

> **进行可能损坏系统的操作时**

当需要在电脑中安装可能会破坏系统的未知软件，或进行某些可能会破坏系统的操作时，应先将系统备份，以便在系统遭到破坏后进行还原。

二、还原系统的注意事项

在还原操作系统之前要提前做好一些准备工作，以保障还原工作的顺利进行。具体如下：

（1）重要数据要备份。重装系统前，首先要备份好重要的数据，特别是系统盘中的数据，如驱动程序、桌面文件、网页收藏夹、需要备份的 QQ 消息记录等。

（2）做好安全防护。如果系统感染了病毒，在还原操作系统后，最好不要马上就连接到网络上，先安装好杀毒软件及防火墙软件，再连接局域网或互联网，防止再次感染病毒。还有就是要把系统补丁都打好，堵住系统漏洞。要断开网络可以拔掉主机上连接的网线，也可以在系统中断开本地连接，方法为：打开"网络连接"窗口，右击"本地连接"图标，选择"禁用"命令即可，如图 4-1 所示。

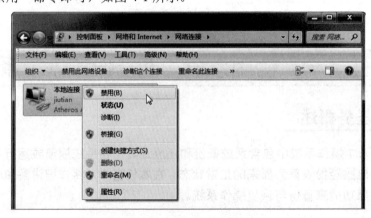

图 4-1 "网络连接"窗口

三、使用系统还原功能恢复系统

Windows 7 系统自带有"系统还原"功能，通过该功能在系统正常时创建还原点，当系统出现问题时即可进行恢复。

1. 创建还原点

创建还原点需开启系统保护功能，系统将自动创建还原点，也可手动创建还原点，具体操作方法如下：

Step 01 在桌面上右击"计算机"图标，在弹出的快捷菜单中选择"属性"命令，打开"系统"窗口，在左侧单击"系统保护"超链接，如图 4-2 所示。

Step 02 弹出"系统属性"对话框，选择系统分区，单击"配置"按钮，如图 4-3 所示。

图 4-2　"系统"窗口　　　　　　　　　　图 4-3　"系统属性"对话框

Step 03 弹出"系统保护本地磁盘"对话框，选中"还原系统设置和以前版本的文件"单选按钮，拖动滑块调整磁盘最大使用量，单击"确定"按钮，如图 4-4 所示。开启系统还原后，程序默认会定期自动创建还原点，当系统还原程序检测到系统发生更改时（如安装程序或驱动程序），也会自动创建还原点。

Step 04 返回"系统属性"对话框，要手动创建系统还原点，可单击"创建"按钮，如图 4-5 所示。

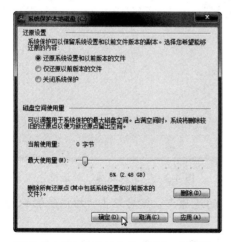

图 4-4　"系统保护本地磁盘"对话框　　　　图 4-5　单击"创建"按钮

Step 05 弹出"系统保护"对话框，在文本框中输入还原点描述，然后单击"创建"按钮，如图 4-6 所示。

Step 06 此时系统开始创建还原点，此过程由系统自动完成，需要等待几分钟，创建完成后将弹出提示信息框，单击"关闭"按钮即可，如图 4-7 所示。

图 4-6 "系统保护"对话框   图 4-7 成功创建还原点

2. 使用还原点还原系统

创建了系统还原点后，当系统出现故障或程序运行不正常时，只要能以正常模式或安全模式启动操作系统，就可以通过系统还原功能恢复系统，具体操作方法如下：

Step 01 打开"系统属性"对话框，选择"系统保护"选项卡，单击"系统还原"按钮，如图 4-8 所示。

Step 02 弹出"系统还原"对话框，单击"下一步"按钮，如图 4-9 所示。

   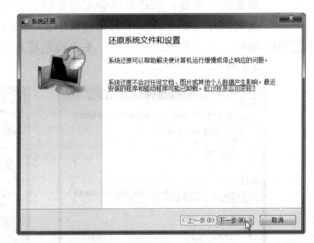

图 4-8 "系统属性"对话框   图 4-9 "系统还原"对话框

Step 03 显示存在的系统还原点，选择要恢复到的还原点，然后单击"扫描受影响的程序"按钮，如图 4-10 所示。

Step 04 在弹出的对话框中查看系统还原将删除的程序，单击"关闭"按钮，如图 4-11 所示。

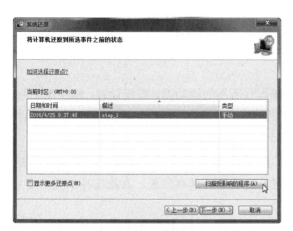

图 4-10　选择还原点

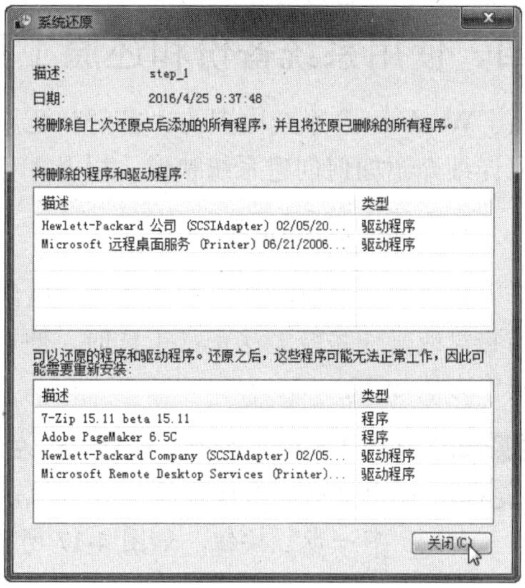

图 4-11　查看受影响的程序

Step 05　单击"下一步"按钮，需要确认还原点，确认无误后单击"完成"按钮，如图 4-12 所示。

Step 06　弹出提示信息框，单击"是"按钮，如图 4-13 所示。

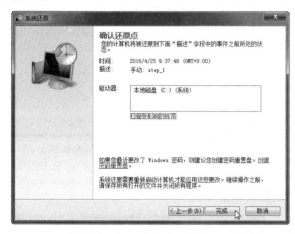

图 4-12　确认还原点

图 4-13　确认系统还原操作

Step 07　程序开始准备还原系统并自动关机，如图 4-14 所示。

Step 08　开始进行系统还原，等待还原完成即可，如图 4-15 所示。

图 4-14　开始准备还原系统

图 4-15　开始还原系统

四、使用系统备份和还原工具

Windows 7 系统内置的"备份和还原"功能可以帮助用户备份与恢复操作系统。下面将详细介绍如何创建系统映像，以及如何从系统映像恢复系统。

1. 创建系统映像

系统映像是驱动器的精确副本，包含系统运行所需的驱动器、系统设置、程序及文件。当磁盘或操作系统无法正常工作时，便可以使用系统映像进行还原。创建系统映像的具体操作方法如下：

Step 01 打开"备份和还原"窗口，在左侧单击"创建系统映像"超链接，如图 4-16 所示。

Step 02 弹出"创建系统映像"对话框，设置系统映像的保存位置，在此选择 F 盘，单击"下一步"按钮，如图 4-17 所示。

图 4-16　"备份和还原"窗口

图 4-17　"创建系统映像"对话框

Step 03 选择要进行备份的驱动器，单击"下一步"按钮，如图 4-18 所示。

Step 04 确认备份设置，单击"开始备份"按钮，如图 4-19 所示。

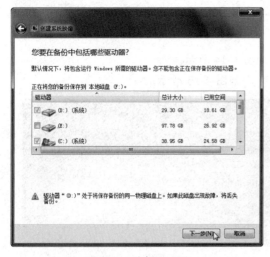

图 4-18　选择驱动器

图 4-19　确认备份设置

Step 05 开始对系统进行备份，整个过程较慢，需要耐心等待，如图 4-20 所示。

Step 06 备份完成后弹出提示信息框，单击"否"按钮，不创建系统修复光盘，如图 4-21 所示。

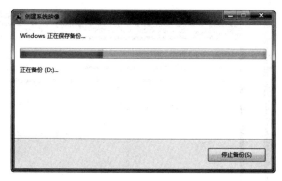

图 4-20　开始备份系统　　　　　　　　　　图 4-21　选择是否创建系统修复光盘

Step 07 提示"备份已成功完成"，单击"关闭"按钮，如图 4-22 所示。

Step 08 打开系统映像的保存位置，即可查看系统备份文件，如图 4-23 所示。

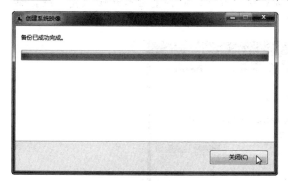

图 4-22　备份完成　　　　　　　　　　　　　图 4-23　查看备份的文件

2. 从系统映像恢复系统

从系统映像文件还原系统时将进行完整还原，所有程序、系统设置和文件都将被系统映像中的相应内容替换，具体操作方法如下：

Step 01 打开"所有控制面板项"窗口，单击"恢复"超链接，如图 4-24 所示。

Step 02 打开"恢复"窗口，单击"高级恢复方法"超链接，如图 4-25 所示。

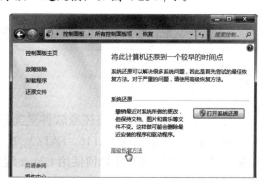

图 4-24　"所有控制面板项"窗口　　　　　　图 4-25　"恢复"窗口

Step 03 打开"高级恢复方法"窗口，选择"使用之前创建的系统映像恢复计算机"选项，如图 4-26 所示。

Step 04 打开"用户文件备份"窗口，单击"跳过"按钮，不备份文件，如图 4-27 所示。

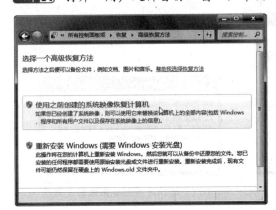

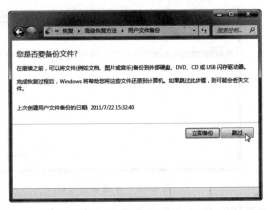

图 4-26　"高级恢复方法"窗口　　　　图 4-27　"用户文件备份"窗口

Step 05 打开"重新启动"窗口，单击"重新启动"按钮，电脑重启后开始恢复系统，如图 4-28 所示。

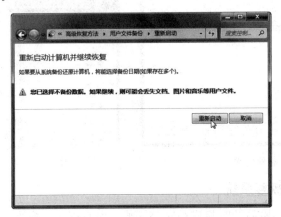

图 4-28　"重新启动"窗口

任务二　使用系统备份与恢复软件

任务概述

目前流行的系统备份与还原软件是美国赛门铁克公司推出的一款出色的磁盘备份还原工具 Ghost，可以实现 FAT16、FAT32、NTFS 和 OS2 等多种硬盘分区格式的分区及硬盘的备份还原。下面将介绍如何使用 Ghost 程序以及以 Ghost 程序为核心的工具软件对系统进行备份和恢复。

任务重点与实施

一、使用 Ghost 备份与还原系统

Ghost 的备份还原是以硬盘的扇区为单位进行的，即将一个硬盘上的物理信息完整复制，支持将分区或硬盘直接备份到一个扩展名为 .gho 的文件里（镜像文件），也支持直接备份到另一个分区或硬盘。

1. 备份系统

完成操作系统、驱动程序或所需软件的安装后，可以利用 Ghost 工具将系统分区"复制"到一个镜像文件中，在系统出现问题时再将镜像文件还原到系统盘即可，还原时所需的时间也只有 10 分钟左右，既快捷又方便。使用 Ghost 备份系统的具体操作方法如下：

Step 01 使用 U 盘启动盘启动电脑，进入 PE 系统或 DOS 工具箱，启动"Symantec Ghost"程序，此时将弹出提示信息框，单击"OK"按钮，如图 4-29 所示。

Step 02 单击 Local（本地）| Partition（分区）| To Image（到镜像）命令，如图 4-30 所示。

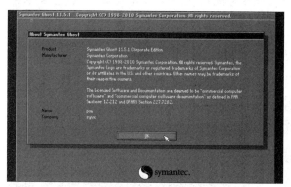
图 4-29　Ghost 程序界面

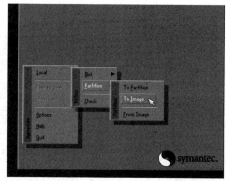
图 4-30　单击 To Image 命令

Step 03 在弹出对话框的列表中选择操作系统所在的磁盘驱动器，单击"OK"按钮，如图 4-31 所示。

Step 04 在弹出的对话框中选择操作系统所在的分区，单击"OK"按钮，如图 4-32 所示。在选择操作系统分区时，由于没有列出磁盘盘符，而是用"1、2、3、4……"代替，这时可根据磁盘大小、数据大小、卷标来进行判断。

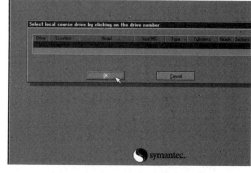
图 4-31　选择磁盘驱动器

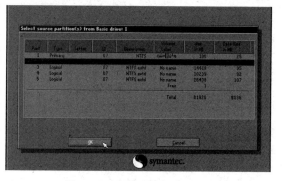
图 4-32　选择系统分区

Step 05 弹出对话框，从驱动器列表中选择要将系统备份到的分区，如图 4-33 所示。

Step 06 选择要将系统备份到的文件夹，如图 4-34 所示。

图 4-33　选择备份分区

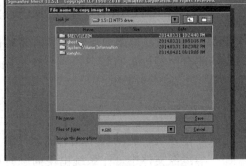

图 4-34　选择备份位置

Step 07 输入备份文件名称，单击"Save"按钮，如图 4-35 所示。

Step 08 在弹出的提示信息框中选择压缩方式，在此单击"No"按钮，如图 4-36 所示。压缩方式包括三种：Fast（快速），此为适中的压缩方式，速度较快；High（高压缩），该方式压缩的文件占用空间最小，但操作时间最长；No（不压缩），该方式不进行压缩，备份速度最快。

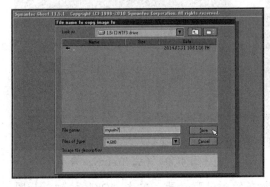

图 4-35　保存备份

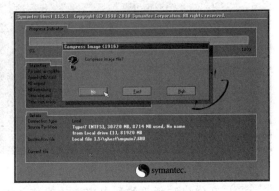

图 4-36　选择压缩方式

Step 09 弹出提示信息框，提示"是否开始分区镜像创建？"，单击"Yes"按钮，如图 4-37 所示。

Step 10 程序开始创建系统镜像文件，并显示操作进度，如图 4-38 所示。

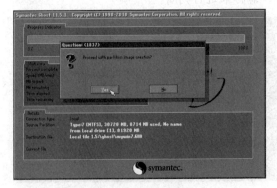

图 4-37　确认备份系统

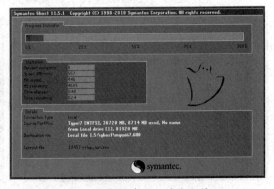

图 4-38　开始创建系统镜像文件

Step 11 成功创建镜像文件，在弹出的提示信息框中单击"Continue"按钮，返回 Ghost 程序主界面，如图 4-39 所示。

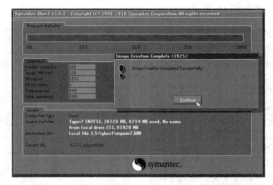

图 4-39　系统备份完成

2. 还原系统

使用 Ghost 还原系统的具体操作方法如下：

Step 01 单击 Local（选项）| Partition（分区）| From Image（从镜像）命令，如图 4-40 所示。

Step 02 在弹出的对话框中选择之前备份的镜像文件，如图 4-41 所示。

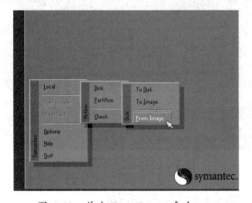

图 4-40　单击 From Image 命令

图 4-41　选择镜像文件

Step 03 在弹出的"从镜像文件中选择源分区"对话框中单击"OK"按钮，如图 4-42 所示。

Step 04 在弹出对话框的列表中选择磁盘驱动器，然后单击"OK"按钮，如图 4-43 所示。

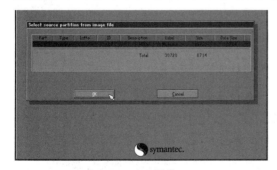

图 4-42　确认操作

图 4-43　选择磁盘

Step 05 选择要将系统还原到的磁盘分区，在此选择主分区 Primary（即系统所在的分区），单击 "OK" 按钮，如图 4-44 所示。

Step 06 在弹出的提示信息框中单击 "OK" 按钮，如图 4-45 所示。

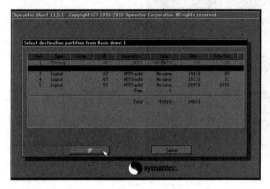

图 4-44 选择还原分区

图 4-45 确认还原系统

Step 07 程序开始从镜像文件还原系统到所选分区，并显示操作进度，如图 4-46 所示。

Step 08 系统还原完成，弹出提示信息框，单击 "Reset Computer" 按钮重启电脑，如图 4-47 所示。

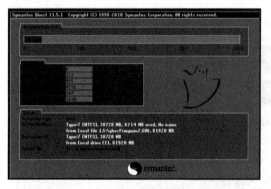

图 4-46 开始还原系统

图 4-47 系统还原完成

二、使用 "Onkey 一键还原" 程序备份与还原系统

使用 "Onkey 一键还原" 程序可以非常便捷地备份与还原操作系统，它以 Ghost 11.0.2 为核心，操作界面简洁明了，即使是电脑初学者也能轻松掌握。下面将介绍该软件的具体用法。

1. 备份系统

使用 "Onkey 一键还原" 程序备份操作系统的具体操作方法如下：

Step 01 启动 "OneKey 一键还原" 程序，选中 "备份系统" 单选按钮，选择系统分区，然后单击 "保存" 按钮，如图 4-48 所示。

Step 02 弹出 "另存为" 对话框，选择系统备份的保存位置，输入文件名，然后单击 "保存" 按钮，如图 4-49 所示。

图 4-48　"OneKey 一键还原"窗口

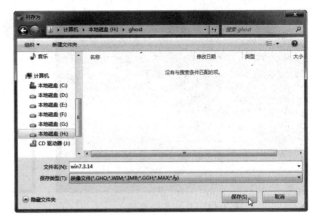

图 4-49　"另存为"对话框

Step 03　备份位置设置完成后，单击"确定"按钮，如图 4-50 所示。

Step 04　弹出提示信息框，单击"是"按钮，如图 4-51 所示。

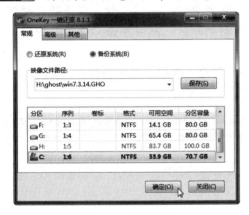

图 4-50　确认设置

图 4-51　确认备份操作

Step 05　弹出提示信息框，单击"马上重启"按钮，如图 4-52 所示。

Step 06　电脑重启后进入系统启动管理界面，此时将自动选择"OneKey Recovery"菜单并进入，如图 4-53 所示。

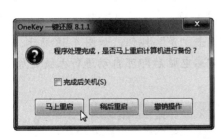

图 4-52　重启电脑

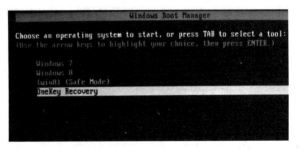

图 4-53　系统启动菜单

Step 07　启动 Ghost 程序开始自动备份系统，此时只需等待备份操作完成，如图 4-54 所示。

Step 08　备份完成后将重新启动系统，打开备份位置，从中即可看到备份的系统映像文件，如图 4-55 所示。

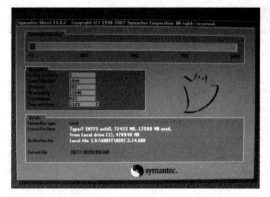

图 4-54　开始备份系统

图 4-55　查看系统映像文件

2．还原系统

使用"OneKey 一键还原"程序还原操作系统的操作也很简便，具体操作方法如下：

Step 01 启动"Onekey 一键还原"程序，选中"还原系统"单选按钮，程序将自动加载系统映像文件，选择要将系统映像还原到的分区，然后单击"确定"按钮，如图 4-56 所示。

Step 02 若程序无法找到系统映像文件，可单击"打开"按钮，此时将弹出"打开"对话框，从中选择所需的系统映像文件即可，如图 4-57 所示。

图 4-56　设置还原系统

图 4-57　"打开"对话框

Step 03 弹出提示信息框，取消选择其中的复选框，单击"是"按钮，如图 4-58 所示。

Step 04 弹出提示信息框，单击"马上重启"按钮，重启电脑后即可自动进行系统还原，如图 4-59 所示。

图 4-58　确认还原分区

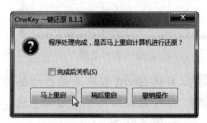

图 4-59　重启电脑

项目小结

迪过本项目的学习，读者应重点掌握以下知识：

（1）在备份操作系统前，应选择一个比较好的时机来备份，只有当系统在最佳状态下运行时，所备份的操作系统的稳定性及安全性才能得到保证。

（2）可以使用 Windows 7 系统自带的系统还原与备份和还原功能来备份与恢复操作系统。

（3）使用系统备份与恢复软件可以很便捷地备份与恢复操作系统。

项目习题

（1）开启系统保护功能，并创建还原点。

（2）使用备份和还原功能创建系统映像。

（3）使用"Onkey 一键还原"程序备份系统，创建 GHO 映像文件。

项目五　电脑网络故障诊断与维修

项目概述

网络最重要的作用是资源共享和数据传输，目前网络应用已经广泛深入到了人们的生活中。然而，在因特网或局域网应用中常常会发生一些意外的故障，导致电脑无法连接因特网、局域网不通等。在本项目中，将详细讲解网络常见故障的诊断与维修方法。

项目重点

- 常见电脑联网故障诊断与维修。
- 常见电脑联网故障诊断与排除。
- 局域网的组建与配置。
- 局域网故障的维修方法。
- 常见局域网故障诊断与排除。

项目目标

- 掌握常见电脑联网故障诊断与维修。
- 掌握局域网的组建与配置方法。
- 掌握局域网故障的维修方法。
- 掌握常见电脑联网及局域网故障案例的维修方法。

任务一　常见电脑联网故障诊断与维修

任务概述

在使用电脑上网时，常常会遇到无法连接到互联网、打不开网页、网络时断时续等故障。遇到这类故障时不用慌，只要了解发生此类故障的原因，即可快速找到故障的原因然后进行排除。在本任务中，将介绍电脑在上网时的常见故障及其排除方法。

任务重点与实施

一、引发电脑联网故障的原因

电脑联网故障主要是由以下几方面的原因造成的：

（1）Modem 故障。Modem 出现硬件损坏，造成不能拨号上网。

（2）设置故障。宽带拨号上网前应在"宽带连接"中填写正确的账户和密码。

（3）线路问题。由于宽带服务提供商线路问题导致不能上网。

二、常见电脑联网故障诊断与排除案例

案例1：宽带拨号联网错误提示

使用宽带拨号上网时，若无法连接到网络，常常会弹出相应的错误提示信息，下面就常见的错误提示信息进行诊断与排除联网故障。

1. 拨号时出现 678 错误提示

➤ **故障现象：** 利用 ADSL 拨号上网时，出现"错误678：拨入方计算机没有应答，请稍等再试"错误提示。

➤ **故障诊断与维修：** 错误678表示远程计算机无响应，此故障多为本地网络未连通，可从硬件连接和系统设置两方面尝试解决。

（1）硬件连接

检查线路连接是否正确，所有接口是否接触良好，网卡是否正常工作。观察 ADSL Modem 上的 LAN 指示灯是否常亮，若不亮则表明 Modem 和网卡未接通，可尝试更换网线和网卡。如果使用了集线器或路由器，更换接口后再尝试连接。

（2）系统设置

检查拨号连接是否正确，删除并重装 TCP/IP 协议；禁用网卡片刻后重新启用网卡；重启 Modem 和电脑后，再次进行拨号连接。

（3）网络供应商的问题

拨打网络供应商客服电话进行咨询，询问网络是否欠费，并告知其错误代码为678。

2. 拨号时出现 691 错误提示

➤ **故障现象：** 拨号时出现错误691，提示输入的用户名和密码错误，无法建立连接。

➤ **故障诊断与维修：** 造成该故障的原因是用户名和密码错误、ISP 服务器故障，或多人同时使用这个账号导致上网受限制。使用正确的用户名和密码，并且确保宽带账号格式正确，重新拨号查看是否可以连接。如果还是不能连接，则向网络运行商打电话进行询问。

3. 拨号时出现 630 错误提示

➤ **故障现象：** 使用 ADSL 进行拨号上网时，显示错误代码630。

➤ **故障诊断与维修：** 该错误代码表示无法进行拨号连接，应该为硬件错误，可能是网卡损坏或网卡驱动失效造成，或未安装网卡。检查网卡、网络线路是否安装好，重新安装网卡驱动程序，并确定网卡工作正常即可。

4. 拨号时出现 651 错误提示

➢ **故障现象:** 使用光纤宽带,拨号联网时提示错误 651。

➢ **故障诊断与维修:** 宽带错误 651 主要是由于用户终端电脑与网通局端设备连接不通导致。用户可按以下方法排查故障:

(1)建议检测网路设备,看看连接 Modem 与主机的线路是否松动,可以先关闭电脑和 Modem,然后将网线两头对调插紧或更换网线,等待 5 分钟后开机测试。

(2)光纤猫或网卡本身故障。更换光纤猫,重新安装网卡驱动。

(3)操作系统设置故障。主流操作系统对系统安全性要求较高,在一些驱动程序不兼容、硬件未驱动、病毒库未更新、防火墙未打开的时候会出现强制关闭拨号连接的情况。尝试重装系统排除故障。

(4)若以上解决方案均无效,可通过网络运营商实体营业厅或拨打客服热线等渠道与服务人员联系解决。

案例 2:网线水晶头接触不良

➢ **故障现象:** 电脑经常联不上网,提示未识别的网络,尝试多次重新插拔网线水晶头后,网络正常。

➢ **故障诊断与维修:** 根据故障现象,可以判断为网线水晶头接触不良,需重做水晶头,具体操作方法如下:

Step 01 使用网线钳的剪线刀口裁剪出需要使用的双绞线长度,然后把双绞线的外皮剥掉。可以利用网线钳的剥线专用的刀口来剥线,让刀口划开双绞线的外皮露出内部线缆,如图 5-1 所示。

Step 02 把线缆依次排列并理顺,排列顺序为:1.白橙,2.橙,3.白绿,4.蓝,5.白蓝,6.绿,7.白棕,8.棕。由于线缆之间是相互缠绕的,因此线缆会有一定的弯曲,应该把线缆尽量拉直,尽量保持线缆平扁,如图 5-2 所示。

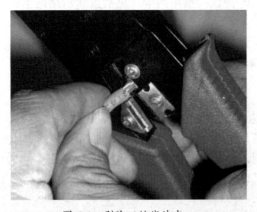

图 5-1　剥除双绞线外皮

图 5-2　排列线缆

Step 03 把线缆依次排列好并理顺压直后,细心检查一遍。利用压线钳的剪线刀口把线缆顶部裁剪整齐,需要注意的是,裁剪时应该是水平方向剪切,否则线缆长度不一会影响到线缆与水晶头的正常接触,如图 5-3 所示。

Step 04 把整理好的线缆插入水晶头内。插入时需要注意，缓缓地用力把8条线缆同时沿 RJ-45头内的8个线槽插入，一直插到线槽的顶端，如图5-4所示。

图5-3 剪屏线缆顶部

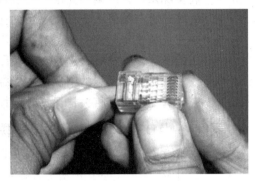

图5-4 将线缆插入水晶头

Step 05 确认线序无误后就可以把水晶头插入压线钳的8P槽内压线了，把水晶头插入后用力握紧网线钳，使水晶头凸出在外面的针脚全部压入水晶并头内，如图5-5所示。

图5-5 使用网钳压线

案例3：Modem 指示灯显示问题

无论是 ADSL Modem 还是光纤 Modem，可以从设备上的指示灯显示状况很快判断出联网问题，下面就常见问题进行诊断和维修。

1. 拨号时出现 678 错误提示

➤ **故障现象**：Modem 的 Link 指示灯不亮。

➤ **故障诊断与维修**：ADSL Modem 的 Link 口是连接电话线的，如果不亮表明未连接好，可能电话线路不通或有其他线路故障。重新连接电话线，如果故障依旧，可能是电话线路出现故障，可报电信部门维修。

2. 拨号时出现 678 错误提示

➤ **故障现象**：准备上网时，打开 ADSL Modem 后发现 ACT 指示灯不亮。

➤ **故障诊断与维修**：ACT 指示灯是 ADSL Modem 和电脑网卡连接的指示灯，如果不亮，则说明电脑网线没有连接好。检查网线是否将 ADSL Modem 和网卡连接好，然后重新连接网线，并确认电脑已经启动。

3．拨号时出现 678 错误提示

➢ **故障现象：** 光纤猫的光信号灯显示红灯。

➢ **故障分析与维修：** 光纤猫上面的光信号显示红色灯，说明光纤出现问题，导致网络变慢或根本无法上网。解决方案是：检查光纤猫后面的光纤线是否有对折或挤压的情况，如果有，则将线理顺即可。若问题依旧没有解决，则可能是由于室内或室外光纤有断裂的情况，或宽带机房断电等问题造成的，此时需要联系网络供应商的客服咨询相关情况或进行报修。

案例 4：ADSL 间歇性无法拨号联网

➢ **故障现象：** 在 Windows 7 系统中以 ADSL 方式接入 Internet，但拨号时提示"无法获得 IP 地址，检查网线是否插好！"，重启几次后又正常了。

➢ **故障诊断与维修：** 用 ADSL 拨号时，只有当用户拨入时才会获得一个 IP 地址，断开连接时又自动释放该 IP 地址。由于 IP 地址池中的 IP 地址数量有限，当突发用户数量较多时，IP 地址将被分配完，后面的用户再拨入时将无法获得 IP 地址，直到有用户下线并释放出 IP 地址为止。此故障不必重新启动电脑，只需稍等一段时间重新拨号即可。

案例 5：ADSL 网络常常自动掉线

➢ **故障现象：** 在使用 ADSL 进行拨号上网，时常会出现莫名其妙地下载中断、网页无法打开、观看在线视频时常常中断等故障。检查 ADSL Modem，发现连接状态正常。

➢ **故障诊断与维修：** 出现此故障，需要从以下几个方面进行排除：

（1）网卡质量故障

网卡的质量影响和决定着网络连接的性能是否稳定，所以应确保网卡状态稳定。现在主板一般都集成了网卡，尽量不要安装两块以上的网卡设备，宽带拨号过程中的断流现象多是由于多块网卡的冲突造成的。

（2）连接线路故障

电话线故障或线路质量差：ADSL 是以电话线作为传输介质，采用频分复用技术将电话音与数据流分开，它的通信质量就取决于电话线了。电话线质量差或受电磁干扰，都可能导致掉线。出现故障时要注意检查接头是否松动。检测电话线质量有个很方便的方法，那就是拿起电话，仔细听拨号音，听听声音是否纯净。如果拨号音非常纯净，说明电话线质量很好；如果有很大的杂音，则说明电话线质量不好。

（3）网线故障

检测网线接头是否松动、是否断线。ADSL Modem 以太端口到电脑网卡之间的双绞线采用交叉线还是直通线，应根据 ADSL Modem 的说明书而定。当然，也可以用两种线实际测试一下。

（4）ADSL Modem 设备故障

有的 Modem 因发热、质量差而出现故障，可以试着重启。如果不行，用自己的 Modem 与别人的 Modem 对换测试一下便知。

（5）网卡故障

如果系统检测不到网卡或无法安装网卡驱动程序，可以换个插槽或更换网卡。中断拨号、I/O 地址冲突是网卡工作不正常的一个重要原因。如果冲突，可通过跳线或网卡自带的程序进行设置。另外，还要看网卡是否与 Modem 匹配，对于 10/100Mbit/s 自适应网卡，如果不稳定，可以手动设置为 10Mbit/s。

（6）TCP/IP 协议故障

TCP/IP 协议故障损坏，需要重新安装协议。

案例 6：网线没有问题，网络依旧断开

➢ **故障现象：** 电脑上显示网络呈断开状态，重新制作了网线，还是联不上网。将网卡安装到别人电脑上一切正常。

➢ **故障诊断与维修：** 根据故障现象判断为路由器或 Modem 的问题，可以尝试将路由器或 Modem 恢复为出厂设置，查看故障是否解决。使用针状物按下设备的 reset（复位）开关几秒钟即可。

案例 7：恢复 IE 为默认浏览器

➢ **故障现象：** 安装了搜狗浏览器后，每次打开网页都会自动使用搜狗浏览器，想要恢复 IE 为默认的浏览器，该怎么办？

➢ **故障诊断与维修：** 可以通过以下方法解决此问题：

Step 01 启动 IE 浏览器，在右上方单击"工具"按钮 ⚙，在弹出的列表中选择"Internet 选项"选项，如图 5-6 所示。

Step 02 弹出"Internet 选项"对话框，选择"程序"选项卡，在"默认的 Web 浏览器"选项区中单击"设为默认值"按钮，并选中"如果 Internet Explorer 不是默认的 Web 浏览器，提示我"复选框，然后单击"确定"按钮，如图 5-7 所示。

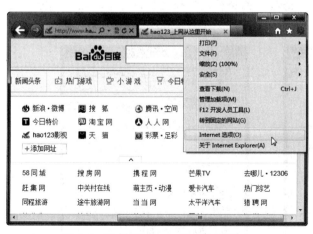

图 5-6 选择"Internet 选项"选项

图 5-7 "Internet 选项"对话框

若经过此项设置后，依然无法将 IE 浏览器设置为默认浏览器，则可能是由于电脑中的维护软件（如"电脑管家""360 安全卫士"等）锁定了默认浏览器，此时需要在该程序中进行设置，具体操作方法如下：

Step 01 打开"电脑管家"主界面，在下方单击"工具箱"按钮，进入工具箱界面，从中单击"浏览器保护"按钮，如图 5-8 所示。

Step 02 启动"电脑管家 - 浏览器保护"程序，在"锁定默认浏览器为"列表中选择"IE浏览器"选项，然后单击"一键锁定"按钮即可，如图 5-9 所示。

图 5-8 "电脑管家"界面

图 5-9 "浏览器保护"界面

案例 8：IE 浏览器启动与运行缓慢

➢ **故障现象：** IE 的运行速度越来越慢。

➢ **故障诊断与维修：** 若 IE 缓存中的文件积累过多，IE 在启动和运行时可能会变得异常缓慢。可以通过以下方法解决这一问题：

Step 01 打开"Internet 选项"对话框，在"浏览历史记录"选项区中单击"删除"按钮，如图 5-10 所示。

Step 02 弹出"删除浏览的历史记录"对话框，选择要删除的文件，然后单击"删除"按钮即可，如图 5-11 所示。

图 5-10 "Internet 选项"对话框

图 5-11 "删除浏览的历史记录"对话框

任务二　局域网常见故障诊断与维修

任务概述

　　局域网就是一个小型的网络，主要用于工厂、公司、学校等较小的区域，多为内部网络。在局域网中的网络配置比较复杂，配置不当就会造成一些故障，下面将详细介绍一些局域网常见故障的诊断与维修方法。在本任务中，将介绍如何组建小型局域网，以及局域网中常见故障的诊断与维修方法。

任务重点与实施

一、局域网的组建与配置

　　组建局域网，主要分为两个步骤，第一步是网络设备的连接，第二步是配置路由器共享上网，对于无线网络，还需要设置无线连接。

1. 物理连接

　　要组建局域网，需要用到一些必要的网络设备，如路由器、集线器等。在路由器上一般有一个广域网接口，多个局域网接口，只需将广域网口与 Modem 相连，将局域网口与电脑相连即可，具体操作方法如下：

Step 01 连接好 Modem，如图 5-12 所示。

Step 02 准备好宽带路由器，找到其侧面的广域网口（即 WAN 口）和电源接口（即 POWER口），如图 5-13 所示。

图 5-12　连接好 Modem

图 5-13　主板路由器

Step 03 将与 Modem 连接的网线一端插入路由器的 WAN 口，并将路由器连通电源，如图5-14 所示。

Step 04 制作好一段网线，将其一端插入路由器的局域网接口（即 LAN 口）中，另一端插入电脑主机的网卡接口中即可，如图 5-15 所示。

图 5-14　连接路由器 WAN 口　　　　　　　　　图 5-15　连接路由器 LAN 口

Step 05 也可将与路由器连接的网线的另一端插入 Hub（即集线器）的 UpLink 口，然后通过集线器与更多的电脑相连接，如图 5-16 所示。

Step 06 待成功连接好局域网后，集线器和路由器上的指示灯将变亮，进行网络通信时指示灯将开始不断地闪烁，如图 5-17 所示。

 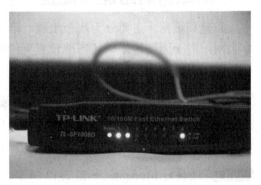

图 5-16　连接集线器　　　　　　　　　　　图 5-17　连通网络

2. 配置有线路由器

要组建局域网，需要用到一些必要的网络设备，如路由器、集线器等。在路由器上一般有一个广域网接口，多个局域网接口，只需将广域网口与 Modem 相连，将局域网口与电脑相连即可，具体操作方法如下：

宽带路由器连接完成后，还需在电脑中对其进行参数设置，才能实现共享上网，具体操作方法如下：

Step 01 启动浏览器，在地址栏输入路由器地址 192.168.1.1，并按【Enter】键确认。此时将弹出"Windows 安全"对话框，输入用户名和密码，单击"确定"按钮，如图 5-18 所示。不同品牌的路由器，其地址与登录账户有所不同，可参考路由器说明书或根据路由器型号从网络查询。

Step 02 打开路由器设置页面，在左侧单击"设置向导"超链接，如图 5-19 所示。

专家指导
Expert
guidance

　　若无法打开路由器设置页面，则可能是路由器的物理连接出现问题，可重新连接路由器和 Modem。若问题依旧存在，则可以尝试重置路由器，在路由器加电的情况下使用针状物插入无线路由器的 Reset 小孔中，并长按几秒

图 5-18　设置登录路由器

图 5-19　单击"设置向导"超链接

Step03 打开"设置向导"页面，单击"下一步"按钮，如图 5-20 所示。

Step04 选择 PPPoE 接入方式，然后单击"下一步"按钮，如图 5-21 所示。

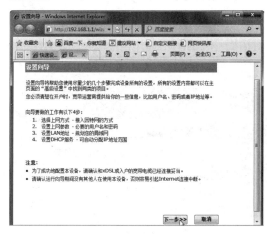

图 5-20　"设置向导"页面

图 5-21　选择宽带接入方式

Step05 输入网络运营商提供的用户名和密码，单击"下一步"按钮，如图 5-22 所示。

Step06 在打开的页面中保持默认设置不变，单击"下一步"按钮，如图 5-23 所示。

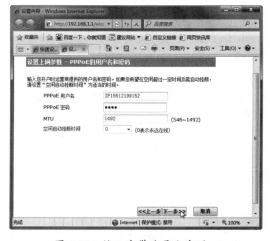

图 5-22　输入宽带账号和密码

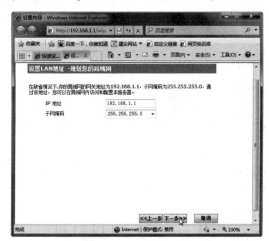

图 5-23　设置 LAN 地址

Step 07 设置开启 DHCP 服务功能，单击"下一步"按钮，如图 5-24 所示。

Step 08 查看设置参数汇总，确认无误后单击"完成"按钮，如图 5-25 所示。

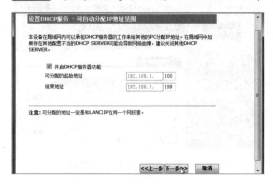
图 5-24 开启 DHCP 功能

图 5-25 完成设置

Step 09 路由器设置完成，单击"重新启动"按钮，如图 5-26 所示。

Step 10 路由器重启完毕后，重新登录路由器设置页面，单击"高级设置"超链接，如图 5-27 所示。

图 5-26 单击"重新启动"按钮

图 5-27 单击"高级设置"超链接

Step 11 在左侧单击"状态记录"超链接，查看当前网络状态，可以看到网络已连接成功，如图 5-28 所示。

Step 12 在左侧单击"设备管理"超链接，在打开的页面中可以更改路由器登录密码、恢复路由器出厂设置等，如图 5-29 所示。

图 5-28 网络连接成功

图 5-29 重启路由器

3. 配置无线路由器

对于无线路由器来说，为了使其更加安全，避免他人蹭网，还需要进行一些安全设置，如更改无线路由器登录密码，更改无线加密密码等，具体操作方法如下：

Step 01 启动浏览器，在地址栏中输入无线路由器地址 192.168.0.1，单击"转至"按钮或按【Enter】键确认，如图 5-30 所示。

Step 02 弹出登录框，输入路由器登录密码，然后单击"确定"按钮，如图 5-31 所示。

图 5-30　输入无线路由器地址

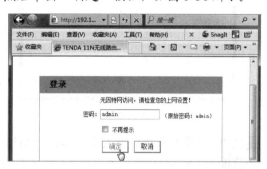

图 5-31　输入登录密码

Step 03 登录无线路由器主页，输入上网账号及密码，如图 5-32 所示。

Step 04 设置无线加密密码，单击"确定"按钮，如图 5-33 所示。

图 5-32　设置上网账号

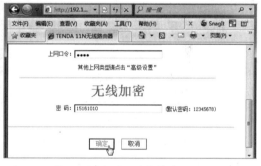

图 5-33　设置无线加密密码

Step 05 提示设置成功，稍等片刻即可连接到互联网了，如图 5-34 所示。

Step 06 设置完无线密码后，需要重新连接无线路由器，再次选择无线网选项并单击"连接"按钮，如图 5-35 所示。

图 5-34　设置成功

图 5-35　重新连接无线网

Step 07 输入设置的无线密码，然后单击"确定"按钮，如图 5-36 所示。

Step 08 成功连接无线路由器，在无线列表中提示"已连接"，如图 5-37 所示。

图 5-36 输入无线密码

图 5-37 成功连接网络

Step 09 登录无线路由器主页，单击"高级设置"超链接，如图 5-38 所示。

Step 10 打开高级设置页面，在"系统状态"选项下即可查看当前连接状态，如图 5-39 所示。

图 5-38 单击"高级设置"超链接

图 5-39 查看网络连接状态

Step 11 在"高级设置"选项卡下单击"WAN 口设置"超链接，从中可设置上网账号和口令，如图 5-40 所示。

Step 12 单击"无线设置"选项卡，在"无线基本设置"选项下可更改无线网名称，如将默认的 Tenda_46AFA0 修改为 liang，如图 5-41 所示。

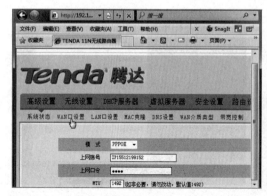

图 5-40 输入上网账号和密码

图 5-41 更改无线网名称

Step 13 设置完毕后单击页面下方的"确定"按钮，如图 5-42 所示。

Step 14 此时无线网络将自动断开连接，在无线网列表中更新了无线网名称，单击"连接"按钮，如图 5-43 所示。

图 5-42 确定设置

图 5-43 重新连接网络

Step 15 输入无线网密码，然后单击"确定"按钮，如图 5-44 所示。

Step 16 成功连接到名为 liang 的无线网，如图 5-45 所示。

图 5-44 输入无线网密码

图 5-45 成功连接到网络

Step 17 再次打开无线网高级设置页面，在"无线设置"选项卡中单击"无线安全"超链接，从中可以设置无线网连接密码，如图 5-46 所示。

Step 18 在"系统工具"选项卡下单击"恢复出厂设置"超链接，单击"恢复出厂设置"按钮，可将路由器恢复到出厂设置，如图 5-47 所示。也可使用针状物插入无线路由器的 reset 小孔中，并长按几秒钟来重置无线路由器。

图 5-46 设置无线网密码

图 5-47 恢复出厂设置

Step 19 单击"重启路由器"超链接，在打开的页面中单击"重启路由器"按钮，可重启路由器，如图 5-48 所示。

Step 20 单击"修改密码"超链接，在打开的页面中可以更改无线路由器的登录密码，如图 5-49 所示。

图 5-48　重启路由器

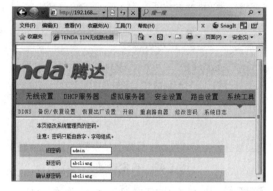

图 5-49　更改路由器登录密码

二、引发局域网故障的原因

局域网故障主要分为硬件故障和软件故障两种。如果局域网出现故障，可能是由以下原因引起的：

（1）网卡故障

网卡出现故障会直接导致无法与网络互连，所以如果电脑无法连接网络，首先应检查网卡。

（2）路由器和交换机故障

路由器出现故障会导致数据丢失、网速缓慢；交换机出现故障会导致电脑无法连接网络等故障。

（3）网络线路故障

线路故障主要是指网线引起的故障。如果网线出现故障，则会导致数据无法传输或传输数据丢失。

（4）电脑网络属性配置故障

网络属性设置错误也会造成无法连接到局域网中，如 IP 地址设置错误等。

三、局域网故障维修方法

在局域网中的网络配置比较复杂，配置不当就会造成一些故障。下面将详细介绍一些局域网常见故障的诊断与维修方法。

1. 检测本地网络属性配置

TCP/IP 协议如果配置错误，将会造成网络无法连通。要确保电脑的 IP 地址、子网掩码、网关和 DNS 服务器设置正确且匹配，具体操作方法如下：

Step 01 打开"网络和共享中心"窗口，在左侧单击"更改适配器设置"超链接，如图 5-50 所示。

Step 02 打开"网络连接"窗口，双击"本地连接"图标，如图 5-51 所示。

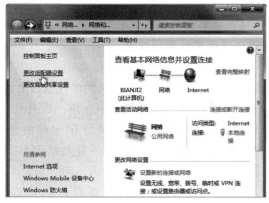

图 5-50　"网络和共享中心"窗口　　　　　图 5-51　"网络连接"窗口

Step 03 弹出"本地连接 状态"对话框，单击"属性"按钮，如图 5-52 所示。

Step 04 弹出"本地连接 属性"对话框，选择"Internet 协议版本 4"选项，然后单击"属性"按钮，如图 5-53 所示。

图 5-52　"本地连接 状态"对话框　　　图 5-53　"本地连接 属性"对话框

Step 05 选中"使用下面的 IP 地址"单选按钮，然后自定义 IP 地址、子网掩码、默认网关和 DNS 服务器地址，单击"确定"按钮即可，如图 5-54 所示。

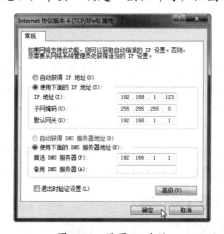

图 5-54　设置 IP 地址

其中，各设置选项的含义如下：

➤ **自动获得 IP 地址**

选中此单选按钮后，每次开机系统将从 DHCP 服务器上自动分配到一个动态 IP 地址，这个地址是公网 IP 地址，也就是本地计算机在广域网中的地址信息。

➤ **IP 地址**

本地计算机在局域网中的 IP 地址，这个 IP 地址必须在默认网关允许的字段范围之内。例如，默认网关（路由器）只认为在 192.168.0.1~192.168.0.255 字段之间合法，那么 IP 地址就只能在该字段之内，此处所讲的修改 IP 地址就是指的修改这串局域网 IP 地址的最后一位数值，它可以在 1~255 之间任意改动，但任何时候最后一个字段都不能超过 255。

➤ **子网掩码**

用于声明哪些字段属于公网位标识，哪些字段属于局域网位标识，默认都为 255.255.255.0；其中，前面三个 255 表示在公网中的位标识，这三个字段只能在 255 数值之内，而最后的一个 0 表示在局域网中的位标识，局域网位标识也只能在 255 数值之内。

➤ **默认网关**

所处的局域网服务器的 IP 地址（路由器的 IP 地址），通常局域网服务器（路由器）的默认 IP 地址为 192.168.0.1 或 192.168.1.1。

➤ **自动获得 DNS 服务器地址**

跟自动获得 IP 地址一样，选中此单选按钮后，每次开机 DHCP 服务器都会为计算机分配一个合适的 DNS 解析服务器 IP 地址。

➤ **使用下面的 DNS 服务器地址**

可以手动添加当地的 DNS 服务器解析地址，但在使用路由器的情况下可以不用设置，直接为空，因为通常路由器自带开启 DHCP 服务器自动分配的功能，每次开启路由器，DHCP 服务器都会向路由器分配一个合适的 DNS 解析地址，该地址保存在路由器中。

➤ **首选 DNS 服务器**

手动设置默认的 DNS 服务器解析地址，用于每次开机计算机会向该 DNS 服务器请求分配一个 IP 地址。

➤ **备用 DNS 服务器**

手动设置的备用 DNS 服务器解析地址，一旦首选 DNS 服务器无法分配 IP 地址时，就会向备用 DNS 服务器发出分配请求。

2. 网络线路问题

如果本机网卡和 IP 协议配置都没有问题，就要检查网线了。先观察网卡的指示灯，网线与网卡接触正常的情况下网卡的指示灯会一直闪烁。如果不亮，或是一直都亮着，就表示有问题了。用 ping 命令 ping 局域网的其他机器，如果 Ping 不通，则有可能是网线的问题。

先看一下水晶头有没有损坏，或换一个交换机的端口试一试。如果是水晶头松动，重新将其插好即可。如果网线有问题，则需要更换水晶头或整条网线了。

3. 使用 Ping 命令检测网络问题

ping 命令的作用是通过发送"网际消息控制协议（ICMP）"回响可求消息来验证与另

一台 TCP/IP 计算机的 IP 级连接。回响应答消息的接收情况将和往返过程的次数一起显示出来。ping 是用于检测网络连接性、可到达性和名称解析的疑难问题的主要 TCP/IP 命令。如果不带参数，ping 将显示帮助。

用法：ping [-t] [-a] [-n Count] [-l Size] [-f] [-i TTL] [-v TOS] [-r Count] [-s Count] [{-j Host-List | -k Host-List}] [-w Timeout] [TargetName]

参数说明如下：

- -t 指定在中断前 ping 可以持续发送回响可求信息到目的地。要中断并显示统计信息，可按【Ctrl+Break】组合键；要中断并退出 ping，可按【Ctrl+C】组合键。
- -a 指定对目的地 IP 地址进行反向名称解析。如果解析成功，ping 将显示相应的主机名。
- -n Count 指定发送回响可求消息的次数，默认值为 4。
- -l Size 指定发送的回响可求消息中"数据"字段的长度（以"字节"表示），默认值为 32。Size 的最大值是 65 527。
- -f 指定发送的回响可求消息带有"不要拆分"标志（所在的 IP 标题设为 1）。回响可求消息不能由目的地路径上的路由器进行拆分。该参数可用于检测并解决"路径最大传输单位（PMTU）"的故障。
- -i TTL 指定发送回响可求消息的 IP 标题中的 TTL 字段值，其默认值是主机的默认 TTL 值。对于 Windows XP 主机，该值一般是 128。TTL 的最大值是 255。
- -v TOS 指定发送回响可求消息的 IP 标题中的"服务类型（TOS）"字段值，默认值是 0。TOS 被指定为 0~255 的十进制数。
- -r Count 指定 IP 标题中的"记录路由"选项，用于记录由回响可求消息和相应的回响应答消息使用的路径。路径中的每个跃点都使用"记录路由"选项中的一个值。如果可能，可以指定一个等于或大于来源和目的地之间跃点数的 Count。Count 的最小值必须为 1，最大值为 9。
- -s Count 指定 IP 标题中的"Internet 时间戳"选项，用于记录每个跃点的回响可求消息和相应的回响应答消息的到达时间。Count 的最小值必须为 1，最大值为 4。
- -j Host-List 指定回响可求消息使用带有 Host-List 指定的中间目的地集的 IP 标题中的"稀疏资源路由"选项。可以由一个或多个具有松散源路由的路由器分隔连续中间的目的地。主机列表中的地址或名称的最大数目为 9，主机列表是一系列由空格分开的 IP 地址（带点的十进制符号）。
- -k Host-List 指定回响可求消息使用带有 Host-List 指定的中间目的地集的 IP 标题中的"严格来源路由"选项。使用严格来源路由，下一个中间目的地必须是直接可达的（必须是路由器接口上的邻居）。主机列表中的地址或名称的最大数为 9，主机列表是一系列由空格分开的 IP 地址（带点的十进制符号）。
- -w Timeout 指定等待回响应答消息响应的时间（以"微妙"计），该回响应答消息响应接收到的指定回响可求消息。如果在超时时间内未接收到回响应答消息，将会显示"可求超时"的错误消息。默认的超时时间为 4000（4 秒）。
- TargetName 指定目的端，它既可以是 IP 地址，也可以是主机名。

注释：可以使用 ping 测试计算机名和计算机的 IP 地址。如果已成功验证 IP 地址但未成功验证计算机名，这可能是由于名称解析问题所致。在这种情况下，要确保指定的计算机名可以通过本地主机文件进行解析，其方法是通过域名系统（DNS）查询或 NetBIOS 名称解析技术进行解析。

（1）检查网络适配器是否工作正常

通过 ipconfig 命令可以查看本机的 IP 地址，然后使用 ping 本机 IP 地址来检查网络适配器是否正常，具体操作方法如下：

Step 01 在资源管理器的地址栏中输入 cmd 命令，并按【Enter】键确认，如图 5-55 所示。

Step 02 打开命令提示符窗口，输入命令 ping 192.168.1.101（此 IP 地址为笔者电脑的 IP 地址）。按【Enter】键确认执行命令，可以看到数据接收正常，如图 5-56 所示。

图 5-55　输入命令

图 5-56　检查网络适配器

（2）检查 TCP/IP 协议是否正常

127.0.0.1 是回送地址，无论什么程序，一旦使用回送地址发送数据，协议软件立即返回，不进行任何网络传输。如果无法 ping 通该回送地址，则表明 TCP/IP 协议不正常。在命令提示符窗口中输入命令 ping 172.0.0.1 并按【Enter】键确认，可以看到数据接收正常，如图 5-57 所示。

（3）检测网关路由器是否正常

当局域网中的电脑无法上网时，可以 ping 路由器的 IP 地址来检测其是否工作正常。在命令提示符窗口输入命令 ping -t 192.168.1.1（即路由器的 IP 地址），按【Enter】键确认，可以看到数据接收正常，如图 5-58 所示。

图 5-57　检查 TCP/IP 协议

图 5-58　检查路由器

（4）检测局域网是否访问正常

通过 ping 局域网电脑可以检测网络线路是否出现故障。若网络中包含路由器，则应先 ping 路由器在本网段端口的 IP，不通则表示此线路有问题；通则再 ping 路由器在目标计算机所在网段的端口 IP，不通则是路由出现故障；通则再 ping 目的机的 IP 地址。

在命令提示符窗口输入命令 ping 192.168.1.141（此 IP 为目标电脑的 IP 地址），并按【Enter】键确认，可以看到数据接收正常，如图 5-59 所示。

（5）向指定计算机发生数据检查本地网络

使用 ping 命令可以向指定计算机发送数据包来监测本地网络通信是否正常。在命令提示符窗口输入命令 ping -t 192.168.1.153，并按【Enter】键确认执行命令，可以看到数据接收正常，如图 5-60 所示。要终止数据的发送可按【Ctrl+C】组合键即可。

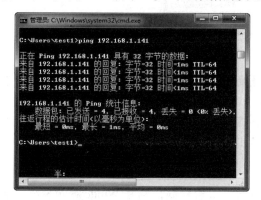

图 5-59 检查局域网

图 5-60 检查本地网络通信

四、常见局域网故障诊断与排除案例

使用电脑上网时，常常会遇到无法连接到互联网、打不开网页、网络时断时续等故障。这些故障如果不及时解决，将会影响局域网的正常使用。局域网故障现象很多，涉及的硬件和软件故障也很多，下面将介绍一些常见的局域网故障的诊断与维修方法。

案例 1：能够登录 QQ，无法浏览网页

➤ **故障现象**：能用 QQ 上网，却不能用 IE 浏览网页，但直接输入网页的 IP 地址也能打开。

➤ **故障诊断**：这是由于 IP 地址信息中的 DNS 服务器设置有问题。

➤ **故障维修**：此故障的解决非常简单，只需在 Internet 协议属性对话框中选中"使用下面的 DNS 服务器地址"单选按钮，通过路由器上网的用户输入路由器地址即可，单击"确定"按钮，如图 5-61 所示。

尽管有些宽带路由器可以自动分配 IP 地址信息（包括 IP 地址、子网掩码、默认网关和 DNS 服务器），然而从故障现象来看，路由器的 DHCP 功能并未被激活，因此 IP 地址信息仍需要以手工方式输入。

专家指导
Expert
guidance
→

DNS（Domain Name Server，域名服务器）是进行域名(Domain Name)和与之相对应的 IP 地址转换的服务器。DNS 中保存了一张域名和与之相对应的 IP 地址的表，以解析消息的域名。

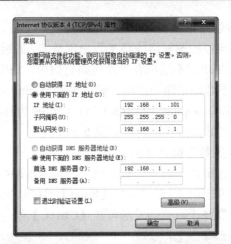

图 5-61 "Internet 协议版本 4 属性" 对话框

案例 2：网卡一直进行网络地址分配

➤ **故障现象：** 一台电脑任务栏上的网卡图标一直显示正在进行网络地址分配，网卡不能使用。

➤ **故障诊断与维修：** 此故障可能是网线出现故障。将网线拔下，查看网线接头是否有异常，若有必要，重新打一个网线头即可。

案例 3：无法访问指定的电脑

➤ **故障现象：** 公司电脑使用一个路由器连接了 6 台电脑，都是 Windows 7 系统，电脑可以正常上网，但无法访问某台电脑。

➤ **故障诊断与维修：** 出现此故障可能是被访问的电脑安装了防火墙软件，阻止被其他电脑访问，此时只需将该防火墙程序暂时关闭即可。还有一种情况就是该电脑没有开启网络发现和文件共享功能，可通过以下方法来解决：

Step 01 打开"网络和共享中心"窗口，在左侧单击"更改高级共享设置"超链接，如图 5-62 所示。

Step 02 打开"高级共享设置"窗口，设置启用网络发现、启用文件和打印机共享，单击"保存修改"按钮即可，如图 5-63 所示。

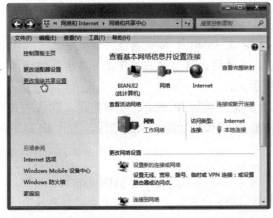

图 5-62 "网络和共享中心"窗口

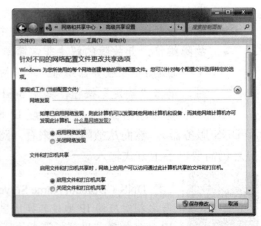

图 5-63 "高级共享设置"窗口

案例 4：找不到共享的文件

➢ **故障现象：** 找不到局域网中共享的文件。

➢ **故障诊断与维修：** 首先需要确认对方是不是正确地设置了文件共享，然后确认是否设置了共享权限限制或隐藏。设置文件共享的具体操作方法如下：

Step 01 选中文件夹，在工具栏中单击"共享"下拉按钮，在弹出的下拉列表中选择"特定用户"选项，如图 5-64 所示。

Step 02 打开"文件共享"窗口，单击列表框右侧的下拉按钮，在弹出的下拉列表中选择 Everyone 用户，如图 5-65 所示。

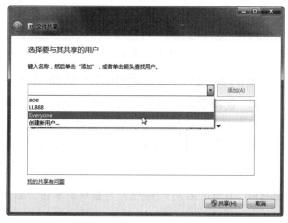

图 5-64　选择"特定用户"选项　　　　　　图 5-65　"文件共享"窗口

Step 03 单击"添加"按钮，将 Everyone 用户添加到共享的用户列表中，如图 5-66 所示。

Step 04 在共享的用户列表中单击用户右侧的"权限级别"下拉按钮，在弹出的下拉列表中设置访问权限，然后单击"共享"按钮，如图 5-67 所示。

图 5-66　单击"添加"按钮　　　　　　图 5-67　设置权限级别

Step 05 提示"您的文件夹已共享"，单击"完成"按钮，如图 5-68 所示。

Step 06 选中共享的文件夹，在窗口下方细节窗格中可以看到该文件夹"已共享"，如图 5-69 所示。

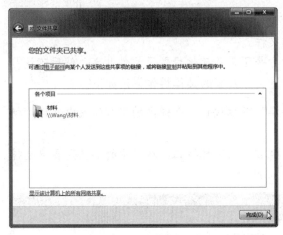

图 5-68　完成文件共享　　　　　　　　图 5-69　查看共享状态

案例 5：访问局域网中的电脑需要输入密码

➢ **故障现象：** 访问局域网中的电脑时，弹出"Windows 安全"对话框，要求输入用户名和密码才可以查看其共享资源。

➢ **故障诊断与维修：** 遇到此类情况，可将资源共享的电脑设置为以来宾账户身份进行访问，这样再次访问该电脑时就不需要再输入密码了，具体操作方法如下：

Step 01 打开"启用来宾账户"窗口，单击"启用"按钮，启用电脑的来宾账户，如图 5-70 所示。

Step 02 打开"控制面板"窗口，切换到"大图标"查看方式，单击"管理工具"超链接，如图 5-71 所示。

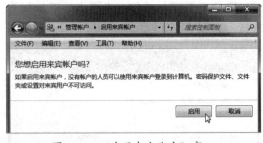

图 5-70　"启用来宾账户"窗口　　　　　图 5-71　"所有控制面板项"窗口

Step 03 打开"管理工具"窗口，双击"本地安全策略"图标，如图 5-72 所示。

Step 04 打开"本地安全策略"窗口，在左窗格中展开"本地策略"|"用户权限分配"选项，在右窗格中双击"拒绝从网络访问这台计算机"策略，如图 5-73 所示。

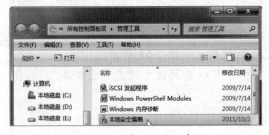

图 5-72　"管理工具"窗口　　　　　　　图 5-73　"本地安全策略"窗口

Step 05 弹出策略属性对话框，选择 Guest 账户，单击"删除"按钮，然后单击"确定"按钮，如图 5-74 所示。

Step 06 在左窗格中选择"安全选项"选项，在右窗格中双击"网络访问：本地账户的共享和安全模型"策略，如图 5-75 所示。

图 5-74　策略属性对话框

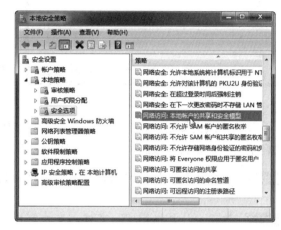

图 5-75　双击策略

Step 07 弹出策略属性对话框，选择"仅来宾-对本地用户进行身份验证，其身份为来宾"选项，然后单击"确定"按钮，如图 5-76 所示。

Step 08 对文件夹进行共享，打开"文件共享"窗口，在名称下拉列表中选择 Guest 选项，然后单击右侧的"添加"按钮，如图 5-77 所示。

图 5-76　策略属性对话框

图 5-77　"文件共享"窗口

Step 09 单击来宾账户右侧的权限级别下拉按钮，设置文件夹共享权限，然后单击"共享"按钮，如图 5-78 所示。

Step 10 提示"您的文件夹已共享"，单击"完成"按钮，如图 5-79 所示。当局域网用户再次访问这台电脑的共享资源时，将会直接打开其共享窗口。

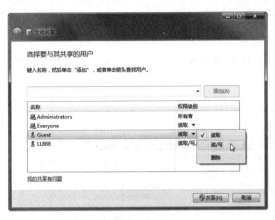

图 5-78 设置权限级别　　　　　　　　　图 5-79 完成文件共享

设置了以来宾账户访问该电脑后，局域网中的电脑都可对该电脑的共享资源进行直接访问了。若需要进行限制，可为来宾账户设置访问密码，具体操作方法如下：

Step 01 在桌面上右击"计算机"图标，在弹出的快捷菜单中选择"管理"命令，如图 5-80 所示。

Step 02 打开"计算机管理"窗口，在左窗格中展开"本地用户和组"|"用户"选项，在右窗格中右击来宾账户，在弹出的快捷菜单中选择"设置密码"命令，如图 5-81 所示。

图 5-80 选择"管理"命令　　　　　　　图 5-81 "计算机管理"窗口

Step 03 弹出提示信息框，单击"继续"按钮，如图 5-82 所示。

Step 04 弹出"为 Guest 设置密码"对话框，设置来宾账户密码，然后单击"确定"按钮，如图 5-83 所示。

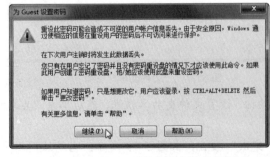

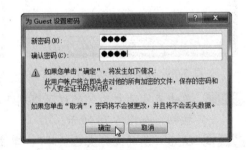

图 5-82 "为 Guest 设置密码"提示信息框　　　图 5-83 设置来宾账户密码

Step 05 在 Windows 7 系统下，当从网络中访问此电脑时将弹出"Windows 安全"对话框，输入任意账户名，然后输入来宾账户密码，然后单击"确定"按钮，如图 5-84 所示。

Step 06 在 Windows XP 系统下访问此电脑时将弹出连接对话框，直接输入来宾账户密码，然后单击"确定"按钮即可，如图 5-85 所示。

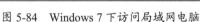

图 5-84　Windows 7 下访问局域网电脑　　　图 5-85　Windows XP 访问局域网电脑

案例 6：无法在"网络"窗口中访问局域网电脑

➢ **故障现象：** 在公司局域网中，电脑可以正常上网，但无法被其他电脑访问。

➢ **故障诊断与维修：** 检查电脑中是否安装了防火墙软件，若有则暂时可先将其关闭。然后尝试使用计算机名或 IP 地址访问该电脑，方法为：按【Windows+R】组合键打开"运行"对话框，输入"\\+计算机名"或"\\+IP 地址"即可，如图 5-86 和图 5-87 所示。

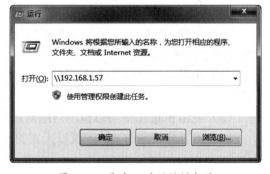

图 5-86　通过计算机名访问电脑　　　图 5-87　通过 IP 地址访问电脑

案例 7：局域网电脑有的能互访有的不能

➢ **故障现象：** 在办公室局域网中，有三台电脑无法访问其他电脑，也不能被访问，其余的电脑互访都正常，但能正常上网。

➢ **故障诊断与维修：** 根据故障现象可以判断应该不是电脑本身的问题，一般情况下不会发生三台电脑出现同样的网络故障情况。电脑能上网说明网络连接没有问题，查看其中的一台电脑的网络设置没有任何问题。

后来经过检查，发现有故障的三台电脑使用的是同一个 HUB（集线器），因此基本上可以将故障锁定在 HUB 上。切断 HUB 电源，过 2 分钟再连通电源将其重启后，故障消失，如图 5-88 所示。判断为 HUB 的质量不太好，由于长时间使用，使其温度过高，才会出现不能访问局域网的情况。

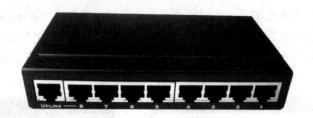

图 5-88　网络集线器

案例 8：局域网能互访，却不能上网

➢ **故障现象：** 电脑能够访问局域网中的其他电脑，但不能上网。

➢ **故障诊断与维修：** 根据故障现象判断可能是 DNS 设置错误，导致在访问网站时不能进行解析所致，解决方法为：打开 "Internet 协议属性" 对话框，设置正确的网关和 DNS 服务器地址即可。若依然无法解决故障，可尝试重启路由器。

项目小结

通过本项目的学习，读者应重点掌握以下知识：

（1）电脑联网故障主要是由 Modem 故障、设置故障和线路问题造成的。

（2）组建局域网，主要分为两个步骤，第一步是网络设备的连接，第二步是配置路由器共享上网。对于无线网络，还需要设置无线连接。

（3）引发局域网故障的原因主要包括：网卡故障、路由器和交换机故障、网络线路故障及网络属性配置故障。

（4）在网络设置中要确保电脑的 IP 地址、子网掩码、网关和 DNS 服务器设置正确且匹配。

（5）使用 ping 命令可以检测网络问题。

（6）可以为共享的文件设置以来宾的身份访问，并为来宾账户设置密码。

项目习题

（1）观察水晶头中网线的排列顺序。

（2）清理 IE 浏览器的缓存文件。

（3）练习更改路由器的登录密码及重置路由器。

（4）共享文件，并设置以来宾的身份进行访问。

（5）通过 IP 地址访问共享的文件。

项目六　典型电脑故障诊断与维修

项目概述

　　电脑无法开机、黑屏、死机和蓝屏等故障可以说是典型的电脑故障，解决方法也各有不同。在本项目中，将详细介绍电脑开机、黑屏、死机、蓝屏等典型故障的诊断与维修方法，以及系统常见故障的排除案例。

项目重点

- 常见开机故障诊断与维修。
- 常见黑屏故障诊断与维修。
- 常见死机故障诊断与维修。
- 常见蓝屏故障诊断与维修。
- 常见系统故障诊断与维修。

项目目标

- 熟悉引发开机、黑屏、死机和蓝屏故障的原因。
- 了解开机、黑屏、死机和蓝屏故障的处理方法。
- 掌握常见系统故障案例的维修方法。

任务一　常见开机故障诊断与维修

　　电脑主机电源启动后开始进行自检，在自检过程中发生的故障就是开机故障。下面将详细介绍有关电脑开机故障的诊断与维修方法。

一、引发开机故障的原因

　　电脑中的硬件出现故障都可能导致无法开机，主要症状是开机无反应、蓝屏、黑屏和死机等。

> ➤ **开机无反应原因**

电源没有通电或被损坏，CPU 接触不良或损坏，主板没有通电或损坏，电源开关按钮接线损坏等。

> ➤ **黑屏原因**

电源接口和电源线损坏或接触不良，电源电压不稳定，显卡损坏，显示器与数据线损坏等，都容易造成电脑启动黑屏。

> ➤ **蓝屏原因**

硬盘损坏，硬盘引导扇区出现坏道或坏扇区，内存错误，硬件不兼容，硬盘与软件不兼容等都会引起蓝屏。

> ➤ **死机原因**

硬件或软件不兼容，主板上某元器件接触不良或损坏，病毒入侵，内存错误或接触不良，主机中的接口卡与主板接触不良，CPU 超频或散热不良等，都会引起电脑死机。

二、开机故障诊断与维修案例

下面将详细介绍几种常见开机故障的诊断与维修案例，如开机无显示、系统引导文件丢失、系统启动过程缓慢等故障。

案例 1：开机后显示器无显示

> ➤ **故障现象**：电脑启动后显示器无任何显示。
> ➤ **故障诊断与维修**：首先检查显示器指示灯是否变亮，如果指示灯亮说明电源没有问题。然后检查内存，将内存卸下，用橡皮擦反复擦拭内存金手指位置，如图 6-1 所示。用皮老虎对准内存插槽清理灰尘，如图 6-2 所示。重新安好内存或换一个内存插槽，开机查看。

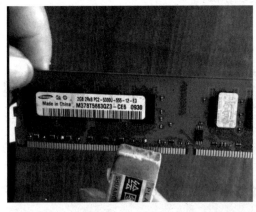

图 6-1　内存除氧化

图 6-2　内存槽除尘

接着检查显卡，可能显卡和主板插槽接触不良，如果开机听到 1 长 3 短的报警声，说明是显卡出问题了。最后查看主板，看主板上的元器件是否有异常，如电容是否有鼓胀、爆浆等现象。在检查过程中，要结合替换法和交换法对硬件故障进行诊断与维修。

案例 2：开机出现提示信息：Bootmgr is missing

> **故障现象：** 电脑装的 Windows 7 操作系统，开机后屏幕上出现提示信息：Bootmgr is missing。

> **故障诊断与维修：** 出现此故障是由于系统的引导文件丢失，可以使用 Windows 7 的安装光盘修复系统启动故障，还可以使用 U 盘急救盘进入 PE 系统，利用其中的"Windows 启动引导修复"工具来解决此故障。

1. 使用 Windows 7 系统盘修复

使用 Windows 7 系统盘修复系统启动故障的具体操作方法如下：

Step 01 使用 Windows 7 安装光盘启动电脑，在"安装 Windows"窗口中单击"修复计算机"超链接，如图 6-3 所示。

Step 02 弹出"系统恢复选项"对话框，开始自动搜索系统，此时需等待搜索完成，如图 6-4 所示。

图 6-3 "安装 Windows"窗口   图 6-4 "系统恢复选项"对话框

Step 03 选中最上方的单选按钮，然后选择操作系统，单击"下一步"按钮，如图 6-5 所示。

Step 04 进入"选择恢复工具"界面，单击"启动修复"超链接，如图 6-6 所示。

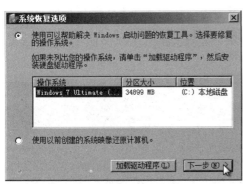
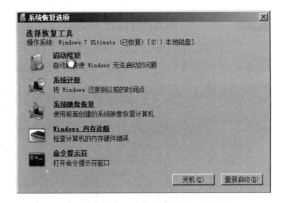

图 6-5 选择操作系统   图 6-6 选择恢复工具

Step 05 开始检查并修复系统启动问题，如图 6-7 所示。

Step 06 修复完成后单击"完成"按钮，重启电脑即可，如图 6-8 所示。

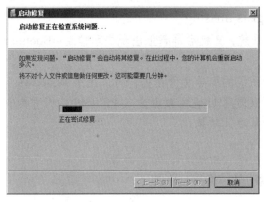

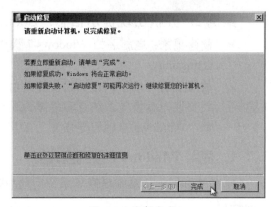

图 6-7　开始修复系统启动问题　　　　　　　　图 6-8　修复完成

2. 使用 PE 系统工具修复

使用 PE 系统工具修复系统启动故障的具体操作方法如下：

Step 01 使用 U 盘启动盘启动电脑并进入 PE 系统，双击桌面上的"Win 引导修复"程序图标，启动该程序，如图 6-9 所示。也可单击"开始"｜"程序"｜"系统维护"｜"系统启动引导修复"命令启动该程序，如图 6-10 所示。

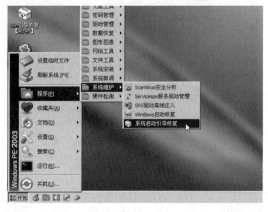

图 6-9　PE 系统桌面　　　　　　　　　　　图 6-10　选择 PE 系统工具

Step 02 启动 NTBOOTautofix 程序，选择引导分区盘符（一般选择系统所在分区，笔者的系统分区在 I 盘），在此单击"【I:】"选项，如图 6-11 所示。

Step 03 单击"【1.开始修复】"选项，如图 6-12 所示。

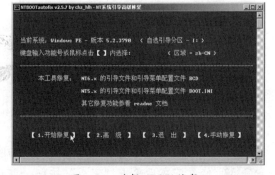

图 6-11　选择系统分区　　　　　　　　　　图 6-12　选择"开始修复"

Step 04 程序开始修复系统引导文件，如图 6-13 所示。

Step 05 修复完成，查看结果，单击"【2.退出】"选项，然后重启电脑即可，如图 6-14 所示。

图 6-13　开始修复系统引导文件

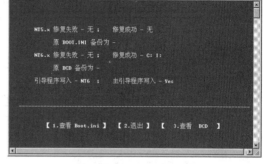

图 6-14　修复完成

案例 3：电脑开关机异常慢

➤ **故障现象：**电脑开关机都很慢，有时开机需要好几分钟，开机进入系统后运行程序很卡，使用各种优化软件清理系统也不行。

➤ **故障诊断与维修：**尝试重装系统，若电脑的开机速度和反应还是很慢，则说明不是软件造成的故障，判断为硬件方面的故障。将显卡换到其他电脑上测试，发现并没有问题。怀疑问题出在主板上，更换主板后开机速度正常了，系统运行起来也流畅了。对于系统开机速度慢的问题，如果不是系统故障，一般为主板或显卡故障，其中主板故障较多。

案例 4：系统自动更新后无法启动

➤ **故障现象：**电脑系统自动更新后无法启动。

➤ **故障诊断与维修：**此故障可能是由于更新的驱动程序与系统不兼容或者错误引起的，可以通过以下方法来解决：

重启电脑，并在启动时按【F8】键。此时将打开"高级启动选项"界面，从中选择"最近一次的正确配置（高级）"选项启动电脑，将电脑恢复到系统更新前的状态即可，如图 6-15 所示。

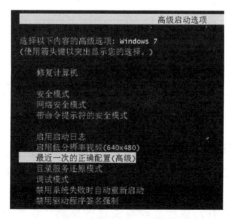

图 6-15　"高级启动选项"界面

如果知道系统更新的驱动程序是哪个，还可以直接进入安全模式，将此驱动程序删除后重装即可。

任务二　常见黑屏故障的诊断与维修

 **任务概述**

电脑开机后，显示器出现黑屏，说明电脑启动过程中硬件出现故障。在本任务中，将详细介绍引发电脑黑屏的原因，以及电脑黑屏故障诊断与维修的典型案例。

 任务重点与实施

一、引发黑屏故障的原因

电脑中的硬件故障是导致黑屏的主要原因，具体如下：

> **电源故障**

电源电压不稳，或电源散热风扇不转等，都会导致电脑黑屏。

> **显卡与显示器信号线接触不良**

拔下插头检查，查看插口中是否有弯曲、断针、污垢等情况。在连接插口时，由于用力不均匀，安装方法不当，或忘记拧紧插口固定螺丝，都会使插口接触不良。

> **显卡故障**

显卡接触不良，或金手指部分氧化等，都会导致电脑黑屏。

> **内存故障**

内存接触不良、内存质量不佳等，也是导致电脑黑屏的主要原因。

> **CPU 超频**

CPU 超频后导致电脑黑屏，主要是由于 CPU 频率过高导致无法正常启动。

> **CPU 与主板接触不良**

因搬动或其他原因使 CPU 与插座接触不良，用手按一下 CPU 或取下 CPU 重新安装。

> **显示器故障**

显示器开关电源输出低于正常值，或电源开关 IC 损坏等，都会导致电脑黑屏。

二、黑屏故障维诊断与维修案例

下面将详细介绍几种常见的电脑黑屏故障的维修案例，如开机长鸣报警、开机后黑屏显示器指示灯闪烁、开机以后键盘 Num 指示灯不亮等故障。

案例 1：电脑开机主机长鸣报警

> **故障现象：** 按下主机电源后，主机长鸣报警，显示器黑屏不亮。
> **故障诊断与维修：** 此故障是内存接触不良，卸下内存后用橡皮擦拭内存金手指位置，然后重新安装好，重新启动电脑进行检测，恢复正常。

案例 2：开机后黑屏，显示器指示灯呈橘红色或闪烁状态

➢ **故障现象：** 电脑开机后黑屏，显示器指示灯呈橘红色或闪烁状态，无法通过自检。

➢ **故障诊断：** 此故障是自检过程中显卡没有通过自检，无法完成基本硬件的检测，从而无法启动。

➢ **故障维修：** 打开机箱，卸下显卡，检查显卡金手指是否被氧化或 PCI-E 接口中是否有大量灰尘导致短路。用橡皮轻轻擦拭金手指，并用皮老虎清理 PCI-E 接口中的灰尘。同时使用替换法排除显卡损坏的可能性。如果显卡损坏，更换显卡即可。

案例 3：电脑开机后键盘 NUM 等指示灯不亮，无法自检

➢ **故障现象：** 电脑开机后键盘 NUM 等指示灯不亮，无法自检。

➢ **故障诊断与维修：** 主板的键盘控制器或 I/O 芯片损坏，无法完成自检。更换相同型号的 I/O 芯片，并检查键盘接口电路。

案例 4：开机后主板电源指示灯亮，电源正常，但屏幕无显示

➢ **故障现象：** 电脑按 Power 键后光驱灯闪烁，主板电源指示灯亮，电源正常，但屏幕无显示，没有"嘀"的正常开机声。

➢ **故障诊断：** CPU 损坏后会出现此现象。BIOS 在自检过程中首先对 CPU 进行检查，CPU 损坏无法通过自检，电脑无法启动。

➢ **故障维修：** 检查 CPU 是否安装正确、CPU 核心是否损坏。使用替换法检查 CPU 是否损坏。如果 CPU 损坏，则更换 CPU 即可。

任务三　常见死机故障的诊断与维修

任务概述

死机现象在电脑运行过程中经常会遇到，一般死机可以通过重新启动电脑来解决，但如果是频繁死机就要考虑电脑是否出现故障了。在本任务中，将详细介绍常见死机故障的诊断与维修方法。

任务重点与实施

一、引发死机故障的原因

要想排除死机故障，就要找到电脑死机的根源。引起电脑死机的原因很多，可以分为硬件原因和软件原因。

➢ **硬件原因**

系统硬件不兼容，主板上元器件老化或损坏，主板芯片不稳定或损坏，内存工作不稳定，硬盘有物理坏道，电源供电功率低，CPU 超频或温度过高，PCI-E 接口设备和主板接触不良等，都会引起死机故障。

> **软件原因**

执行了含有错误代码的软件和程序，系统文件出现错误或丢失，同时运行很多程序引起操作无响应，病毒发作，BIOS 设置不当，硬盘空间不足导致系统数据无法读/写等问题都会引起死机故障。

二、解决死机故障的方法

在解决死机的问题上，可以按照"先软后硬"的原则，先找软件原因再找硬件原因，最后找到故障点。

> **软件方面**

用杀毒软件查杀病毒；恢复默认 BIOS 设置，重装软件和驱动程序；检查 CONFIG.SYS、AUTOEXEC.BAT 文件的命令是否有错，尤其是 CONFIG.SYS 文件中的缓冲区、堆栈、FILE 可打开的文件数量等参数的设置；重装应用程序；修改注册表设置等。如果还是不能解决问题，可以尝试重装系统。

> **硬件方面**

如果软件方法解决不了，就要从硬件入手了。检查机箱温度是否过热，散热风扇是否运行正常，内存条是否接触不良，显卡是否接触不良，主板电容是否有老化或损坏。

三、预防电脑死机

在日常电脑操作中，除了硬件损坏或不兼容外，很多死机现象都是可以预防的。可以按照下面介绍的方法进行检查。

（1）清洁硬件设备

很多电脑故障都是由于主机箱内部灰尘太多造成的，所以应该定期对主机箱内部各个硬件设备进行清洁，最好使用吹风机和毛刷清除灰尘。

（2）恢复 CPU 频率

很多电脑频繁死机，可能就是由于 CPU 超频造成工作不稳定，很多 CPU 都不适合超频。另外，超频要有个范围，不能超得太高。

（3）磁盘整理和优化

硬盘使用一段时间后就会出现磁盘碎片，应该及时进行磁盘清理和碎片整理工作，以提高数据的存储速度。另外，应该对操作系统进行优化设置，以保证系统运行在最佳状态。

（4）正确设置 BIOS

BIOS 设置不当会引起硬件工作不正常，从而引起死机等现象。

（5）减少运行程序的数量

同时运行多个程序或打开多个窗口就会造成电脑处理速度变慢，或无法响应造成死机。

（6）稳定的电源

在电脑硬件中，电源也是很重要的部件，如果使用质量不佳的电源，就会造成电压不稳，导致出现死机现象。

（7）升级杀毒软件

应该及时安装和升级杀毒软件，防止病毒对电脑的侵犯，以免造成电脑死机等故障。

（8）清除垃圾文件

进行文件操作、上网浏览、在线听音乐看视频、网络聊天、网络游戏、安装或卸载软件都会在系统中留下许多垃圾文件，久而久之就会由于垃圾文件太多而造成系统变慢、死机甚至崩溃。可以使用系统维护软件来清除垃圾文件，如"360 安全卫士""电脑管家"等。

任务四　常见蓝屏故障诊断与维修

任务概述

电脑蓝屏，又叫蓝屏死机（Blue Screen of Death，简称 BSoD），是 Windows 操作系统在无法从一个系统错误中恢复过来时，为保护电脑数据文件不被破坏而强制显示的屏幕图像。电脑蓝屏后将出现一个停机码（如 STOP 0x0000001E），以识别错误类型。在本任务中，将详细介绍常见蓝屏故障的诊断与维修方法。

任务重点与实施

一、引发蓝屏故障的原因

电脑发生蓝屏故障，可能是软件原因或硬件原因引起的。

➤ **软件原因**

病毒发作会引起系统蓝屏，所以应该使用最新的杀毒软件查杀病毒；有时更新驱动程序也会引起系统蓝屏故障，恢复到原来的驱动程序即可。

➤ **硬件原因**

在电脑上添加了新的硬件，造成硬件不兼容引起系统蓝屏；CPU 超频不当导致蓝屏；硬件散热不良导致蓝屏等。

二、解决蓝屏故障的方法

下面将详细介绍一些常见蓝屏故障的解决方法。

（1）重启电脑

蓝屏原因可能是某个程序或驱动出错，重新启动电脑后可以恢复正常。

（2）硬件兼容

首先确定硬件是否插牢、是否有氧化现象，重新正确地安装硬件设备；其次，查看硬件是否有冲突，是否和操作系统兼容等。

（3）新驱动和新服务

如果刚安装完某个硬件的新驱动，或安装了某个软件，而它又在系统服务中添加了相应的项目（如杀毒软件、CPU 降温软件和防火墙软件等），在重新启动或使用中出现了蓝屏故障，可以在安全模式下卸载或禁用它们。

（4）查杀病毒

诸如"冲击波"和"振荡波"等病毒有时会导致 Windows 蓝屏死机，因此查杀病毒必不可少。同时，一些木马间谍软件也会引发蓝屏故障，所以最好使用相关工具进行扫描杀毒。

（5）检查 BIOS 和硬件兼容性

对于新装电脑经常出现蓝屏的问题，应该检查并升级 BIOS 到最新版本，同时关闭其中的内存相关项，如缓存和映射。另外，应对照微软的硬件兼容列表检查自己的硬件。

（6）检查系统日志

打开"运行"对话框，输入 EventVwr.msc 命令，然后单击"确定"按钮，如图 6-16 所示。打开"事件查看器"窗口，查看"系统"日志和"应用程序"日志中标注为"警告"的选项，如图 6-17 所示。

图 6-16　"运行"对话框　　　　图 6-17　"事件查看器"窗口

（7）恢复到最后一次的正确配置

一般情况下，蓝屏都出现在更新硬件驱动或新添加硬件并安装其驱动程序后，这时 Windows 7 系统提供的"最后一次的正确配置"就是解决蓝屏的快捷方式。重新启动操作系统，在出现启动菜单时按【F8】键，就会出现高级启动选项菜单，然后选择"最后一次的正确配置（高级）"选项，并按【Enter】键确认，如图 6-18 所示。

（8）安装最新的系统补丁和 Service Pack

有些蓝屏是 Windows 本身存在缺陷造成的，遇到这种情况可以通过安装最新的系统补丁和服务包来解决，如图 6-19 所示。

专家指导 Expert guidance

使用事件查看器可以查看来自多个事件日志的事件；将有用的事件筛选器另存为可以重新使用的自定义视图；计划要运行以响应事件的任务；创建和管理事件订阅。

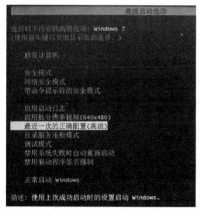

图 6-18　选择启动模式　　　　　　图 6-19　检查系统漏洞

（9）查询停机码

将蓝屏的停机码记录下来，然后从网上搜索，查找相应的解决方案。

三、预防电脑蓝屏

预防蓝屏可以从以下几个方面入手：

- 定期对重要的注册表文件进行手工备份；
- 尽量避免非正常关机，减少重要文件的丢失；
- 对于普通用户而言，只要能正常运行，就不要升级显卡、主板的 BIOS 和驱动程序；
- 定期维护和优化操作系统。

任务五　　常见系统故障诊断与排除案例

操作系统在运行过程中往往也会出现一些功能上的错误，下面将介绍几种常见的系统故障案例，如电脑很快进入睡眠状态、修复系统错误、清除搜索记录、重设遗忘的用户密码等。

案例 1：电脑常常很快进入睡眠状态

➤ **故障现象：**电脑暂停使用一段时间就进入睡眠状态。

➤ **故障维修：**可以更改电源计划来更改电脑进入睡眠状态的等待时间或取消睡眠状态，具体操作方法如下：

Step 01 从控制面板打开"系统和安全"窗口，单击"更改计算机睡眠时间"超链接，如图 6-20 所示。

Step 02 打开"编辑计划设置"窗口，单击"使计算机进入睡眠状态"下拉按钮，在弹出的下拉列表中选择合适的时间即可，如图 6-21 所示。若选择"从不"选项，将会取消电脑自动睡眠功能。

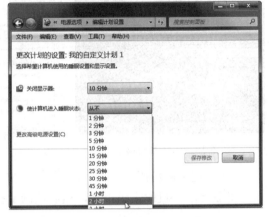

图 6-20 "系统和安全"窗口　　　　　　图 6-21 "编辑计划设置"窗口

案例 2：修复系统错误

➢ **故障现象**：操作系统变得不稳定，有些系统自带功能变得不可用。

➢ **故障诊断与维修**：此故障可能是由于系统文件遭到破坏引起的，可以通过 sfc 命令来修复系统错误。sfc 命令的作用为扫描系统文件的完整性，并修复受损的系统文件。使用 sfc 命令扫描系统文件的具体操作方法如下：

Step 01 打开命令提示符窗口，输入 sfc /scannow 命令，如图 6-22 所示。

Step 02 按【Enter】键确认，开始扫描系统文件并显示进度，等待操作完成即可，如图 6-23 所示。

图 6-22 命令提示符窗口　　　　　　图 6-23 开始扫描和修复系统

fsc 命令的具体用法如下：

用法：sfc[/scannow][/scanonce][/scanboot][/revert][/purgecache][/cachesize=x][/?]

参数说明如下：

● /scannow　立即扫描所有受保护的系统文件。

● /scanonce　一次扫描所有受保护的系统文件。

● /scanboot　每次重启电脑时扫描所有受保护的系统文件。

● /revert　将扫描返回到默认操作。

● /purgecache　立即清除"Windows 文件保护"文件高速缓存，并扫描所有受保护的系统文件。

- /cachesize=x　设置"Windows 文件保护"文件高速缓存的大小，单位为 MB。
- /?　显示该命令的帮助信息。

案例 3：磁盘丢失卷标

➢ **故障现象**：打开"计算机"窗口后，磁盘卷标全都变成"未标记的卷"。

➢ **故障诊断与维修**：出现此故障是因为驱动器号未显示，可以通过以下方法来解决：

Step 01　在"计算机"窗口工具栏中单击"组织"下拉按钮，选择"文件夹和搜索"选项，如图 6-24 所示。

Step 02　弹出"文件夹选项"对话框，选择"查看"选项卡，在"高级设置"列表框中选中"显示驱动器号"复选框，然后单击"确定"按钮，如图 6-25 所示。

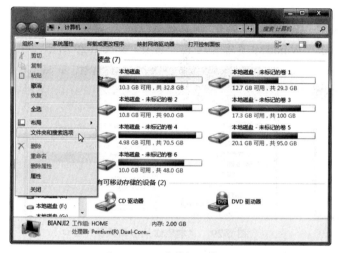

图 6-24　"计算机"窗口

图 6-25　"文件夹选项"对话框

案例 4：提示未能连接一个 Windows 服务

➢ **故障现象**：电脑进入系统后，在任务栏右侧弹出提示"Windows 无法连接到 System Event Notification Service 服务"，如图 6-26 所示。

➢ **故障维修**：重启电脑，按【F8】键，然后选择"安全模式"登录系统。打开"运行"对话框，输入 netsh winsock reset catalog 命令，单击"确定"按钮，然后重启电脑即可，如图 6-27 所示。

图 6-26　提示未能连接服务

图 6-27　"运行"对话框

Winsock 是 Windows 网络编程接口，Winsock 工作在应用层，它提供与底层传输协议无关的高层数据传输编程接口，netsh winsock reset 命令的含义是把它恢复到默认状态，以解决由于软件冲突、病毒等原因造成的参数错误问题。

如果一台电脑上的 Winsock 协议配置有问题，将会导致网络连接问题，此时就需要用 netsh winsock reset 命令来重置 Winsock 目录以恢复网络。

案例 5：清除搜索记录，保护个人隐私

➤ **故障现象**：Windows 7 搜索栏中包含很多旧的搜索历史记录。

➤ **故障维修**：Windows 7 的搜索功能非常强大，也很智能，在电脑搜索资料后会在搜索栏中留下记录，这样就有可能泄露个人隐私。可以通过修改组策略的方法禁止其留下搜索记录，具体操作方法如下：

Step 01 打开"运行"对话框，输入 gpedit.msc 命令，然后单击"确定"按钮，如图 6-28 所示。

Step 02 打开"本地组策略编辑器"窗口，在左窗格中展开"用户配置"|"管理模板"|"Windows 组件"选项，在右窗格中双击"Windows 资源管理器"选项，如图 6-29 所示。

图 6-28 "运行"对话框

图 6-29 "本地组策略编辑器"窗口

Step 03 在右窗格中双击"在 Windows 资源管理器搜索框中关闭最近搜索条目的显示"选项，如图 6-30 所示。

Step 04 在打开的策略属性窗口中选中"已启用"单选按钮，然后单击"确定"按钮即可，如图 6-31 所示。

图 6-30 双击策略

图 6-31 策略属性对话框

案例6：系统启动项显示乱码

➤ **故障现象**：电脑启动后，进入启动项界面，中文字符的启动项目显示为"□"乱码。

➤ **故障维修**：出现此故障时，可按照以下方法进行解决：

Step 01 按【Windows+R】组合键，打开"运行"对话框，输入 cmd 命令，然后单击"确定"按钮，如图 6-32 所示。

Step 02 打开命令提示符窗口，输入命令"bcdboot c:\windows /l zh-cn"，如图 6-33 所示。

图 6-32 "运行"对话框

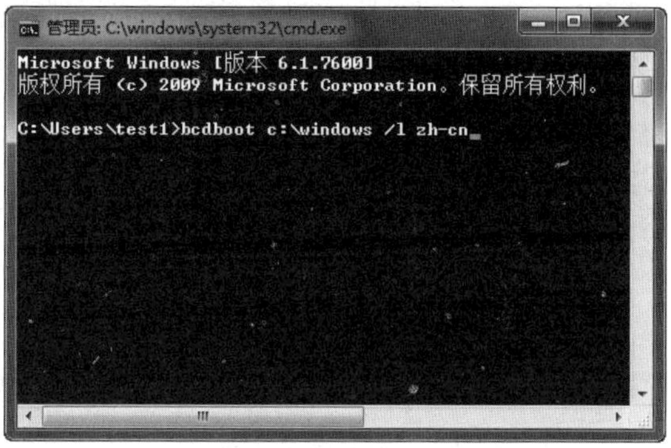

图 6-33 命令提示符窗口

Step 03 按【Enter】键确认执行命令，继续输入命令"BCDEDIT /SET {Bootmgr} locale zh-cn"，如图 6-34 所示。

Step 04 按【Enter】键确认执行命令，如图 6-35 所示。采用同样的方法，继续运行"BCDEDIT /SET {Current} locale zh-cn"和"BCDEDIT /SET {memdiag} locale zh-cn"命令。

图 6-34 执行命令

图 6-35 继续执行命令

案例7：遗忘电脑登录密码

➤ **故障现象**：登录 Windows 7 系统时忘记用户登录密码，无法进入系统。

➤ **故障维修**：可以使用 U 盘急救盘来清除用户密码，具体操作方法如下：

Step 01 使用 U 盘启动盘进入 PE 系统，单击"开始"|"程序"|"密码管理"|"Windows 密码清除器"命令，如图 6-36 所示。

Step 02 启动密码清除器程序，程序自动给出了 SAM 文件路径，如图 6-37 所示。SAM 文件是 Windows NT 用户账户数据库，所有用户的登录名和密码信息都会保存在这个文件中。

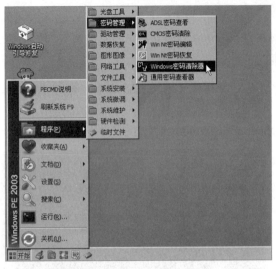

图 6-36 单击 "Windows 密码清除器" 命令

图 6-37 密码清除器程序界面

Step 03 由于电脑安装了双系统，Windows 7 系统在 I 盘目录下，在此将 SAM 文件路径的 C 改为 I，然后单击 "打开" 按钮，此时即可显示出 Windows 7 系统用户列表，如图 6-38 所示。

Step 04 选择要清除密码的用户，单击 "修改密码" 按钮，如图 6-39 所示。

图 6-38 显示用户列表

图 6-39 选择用户

Step 05 在弹出的对话框中可设置新密码，直接单击 "确认" 按钮可清空用户密码，如图 6-40 所示。

Step 06 密码修改完毕后，单击 "保存修改" 按钮，然后退出程序即可，如图 6-41 所示。

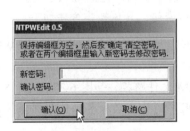

图 6-40 设置密码

图 6-41 保存修改

案例 8：系统要求运行 Chkdsk

➢ **故障现象**：系统启动后提示出现损坏文件，要求运行 chkdsk 工具。

➢ **故障维修**：chkdsk 用于验证文件系统的逻辑完整性。如果 chkdsk 在文件系统数据中发现存在逻辑不一致性，Chkdsk 将执行可修复该文件系统数据的操作（前提是这些数据未处于只读模式）。遇到此故障只需打开"运行"对话框，输入 chkdsk 命令，然后单击"确定"按钮，如图 6-42 所示。此时即可开始进行磁盘校验，如图 6-43 所示。

图 6-42   "运行"对话框

图 6-43   开始磁盘校验

案例 9：每次开机都需要重新拨号联网

➢ **故障现象**：每次重启系统都需要重新拨号连接网络，系统无法自动拨号上网。

➢ **故障维修**：可以通过以下方法设置自动拨号：

Step 01 在任务栏右侧的通知区域单击"网络"图标，在弹出的面板中单击"打开网络和共享中心"超链接，如图 6-44 所示。

Step 02 打开"网络和共享中心"窗口，在左侧单击"更改适配器设置"超链接，如图 6-45 所示。

图 6-44   单击"打开网络和共享中心"超链接

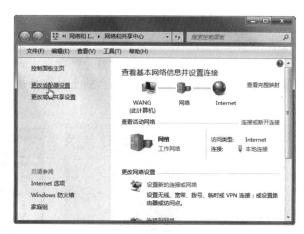

图 6-45   "网络和共享中心"窗口

Step 03 弹出"网络连接"窗口，右击"宽带连接"图标，在弹出的快捷菜单中选择"属性"命令，如图 6-46 所示。

Step 04 弹出"宽带连接 属性"对话框，选择"选项"选项卡，取消选择"提示名称、密码和证书等"复选框，然后单击"确定"按钮，如图 6-47 所示。

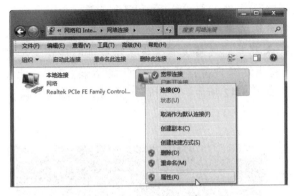

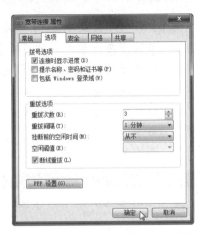

图 6-46 "网络连接"窗口   图 6-47 "宽带连接 属性"对话框

Step 05 右击"宽带连接"图标,在弹出的快捷菜单中选择"创建快捷方式"命令,如图 6-48 所示。

Step 06 弹出提示信息框,单击"是"按钮,如图 6-49 所示。此时,即可在桌面上创建"宽带连接"的快捷方式图标。

图 6-48 选择"创建快捷方式"命令   图 6-49 确认创建快捷方式

Step 07 单击"开始"|"所有程序"命令,在弹出的列表中找到"启动"选项并右击,在弹出的快捷菜单中选择"打开"命令,如图 6-50 所示。

Step 08 打开"启动"文件夹,将桌面上的宽带连接快捷方式图标拖至该文件夹即可,如图 6-51 所示。

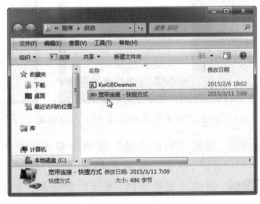

图 6-50 选择"打开"命令   图 6-51 添加快捷方式图标

项目小结

通过本项目的学习，读者应重点掌握以下知识：

（1）电脑中的硬件出现任何故障都可能导致无法开机或黑屏故障。

（2）在解决死机的问题上，可以按照"先软后硬"的原则，先找软件原因再找硬件原因，最后找到故障点。

（3）驱动程序有问题、硬件不兼容、CPU 超频不当或硬件设备散热不良都可能导致电脑蓝屏。

（4）用户应定期维护和优化操作系统，以避免蓝屏故障的发生。

项目习题

（1）电脑启动后，尝试打开"高级启动选项"界面。

（2）启动事件查看器，浏览系统日志。

（3）更改系统电源计划。

（4）运行 sfc 命令，修复系统错误。

（5）运行 chkdsk 工具，验证文件系统的完整性。

项目七 主板与电源常见故障诊断与维修

项目概述

　　主板是电脑的核心部件，为 CPU、内存、显卡、硬盘及外部设备提供接口及插座，同时协调各部件稳定地工作。电源为电脑的正常工作提供动能，是电脑工作的基本保障。一旦主板和电源发生故障将影响整个系统的运行。在本项目中，将详细讲解主板与电源常见故障的诊断与维修方法。

项目重点

- 主板的工作原理。
- 主板故障的常用检修方法。
- ATX 电源的工作原理及各供电接口的功能。
- 电源常见故障的检修方法。
- 主板与电源常见故障案例。

项目目标

- 了解主板的工作原理。
- 了解主板触发电路工作原理。
- 掌握主板故障的常用检修方法。
- 熟悉 ATX 电源各输出线的电压。
- 掌握 ATX 电源的工作原理及各供电接口的功能。
- 了解电源常见故障的检修方法。
- 掌握主板与电源常见故障案例的维修方法。

任务一　主板故障的分析与检修方法

TASK 任务概述

　　主板是整个电脑系统的关键部件，在电脑中起着至关重要的作用。CPU 及总线空间逻辑、BIOS 芯片读写控制、系统时钟发生器与时序空间电路 DMA 传输与中断控制、内存及其读写控制、键盘控制逻辑、I/O 总线插槽及某些外设控制逻辑都集成在主板上。因此，主板产生故障将会影响到整个系统的工作。在本任务中，将介绍主板的工作原理及常见故障的检修方法。

 任务重点与实施

一、了解主板的工作原理

主板工作原理主要包括以下五个步骤。

1．电源启动

电脑电源一般都为 ATX 规格，其特性可使主机具备电源待机、MODEM 开机、鼠标键盘开机、远程开关机等功能。因此，当用户将电源开启时并未启动电脑，可由机箱面板上的电源启动按钮来启动电脑，并由程序来控制关机，也可通过远端控制来启动电脑。当电源连电后先由 ATX POWER 中发出电源待机信号（+5VSB）及电源启动信号（PSON#），当用户将机箱面板上的电源启动按钮按下后，此时主机会将 PSON#讯号被降至低电位，ATX POWER 接收到此信号由高电位转为低电位时便将电源开启。

2．系统时钟

当电源开启后，系统必须依照相同的步骤动作（即同步），为了符合同步信号，将石英晶体经过倍频后送至各元件，以达到其目的。

3．复位信号

当电源正常后，系统会随即发出复位信号（RESET），目的是将芯片内部信息重新初始化，使系统能由信息原始值开始运行，复位前系统会检查各部位电压是否正常，然后依序发出复位信号。

4．启动主板

上述动作完成后，此时 CPU 便会送出第一个位址给北桥，此时北桥会立即将位址送给南桥，然后南桥送至 BIOS，由 BIOS 内部储存的信息反向回送给 CPU。当 CPU 收到信息后再根据这些信息内容，解析成相对应的指令控制主板的动作，通常将这一进入系统前的过程称为 POST，因此可依照 POST 代码查出主板的问题出自何处。

5．启动操作系统

当 BIOS 中 POST 完成后，便将这些检查结果和对底层硬件的控制权交给 Windows 操作系统或其他系统，此时 BIOS 便不再动作。

二、主板触发电路的工作原理与检修流程

主板开机电路工作必须具备三大条件：为开机电路提供供电、时钟信号和复位信号，其中时钟是一定时序工作的一个条件，它定义总线的速度；复位是计算机内部残存电压放掉的过程，又叫清零。具备这三个条件，开机电路就开始工作。其中，供电由 ATX 电源的第 9 脚提供，时钟信号由南桥的实时时钟电路提供，复位信号由电源开关、南桥内部的

触发电路提供。

开机触发电路又叫主板加电电路，是利用 ATX 电源的工作原理在主板自身上设计的一个线路。此电路以南桥或 I/O 为核心，由门电路、电阻、电容、二极管、三极管、稳压器、32.768KHz 晶体、电池等元件构成，整个电路中的元件都由紫线 5VSB 提供工作电压，并由一个开关来控制其是否工作。

开机触发电路的工作原理为：插上 ATX 电源后，有一个待机电压送到南桥或 I/O，为南桥里面的 ATX 开机电路提供工作条件（ATX 电源的开机电路是集成在南桥或 I/O 里面的），南桥或 I/O 里面的 ATX 开机电路开始工作，并送一个电压给晶体，晶体起振，同时 ATX 待机 5VSB 通过电阻或稳压器共给主板 PWR SW（开关）的 PWR+引脚脚，PWR SW 的另一个脚接地。当短接 PWR SW 开关时，POWER SW 开关接通，会产生一个瞬间变化的电平信号，即 0 或 1 的开机信号。此信号会直接或间接的作用于南桥或 I/O 内部的开机触发电路，使其恒定产生一个 0 或 1 的的信号，通过外围电路的转换变成一个恒定的低电平把 ATX 电源的绿线（PS-ON）置为低电平。当电源的绿线被置为低电平后电源开始工作，并输出各路电压（红 5V、橙 3.3V、黄 12V 等）向主板供电，此时主板完成整个通电过程。

主板开机触发电路检修流程如图 7-1 所示。

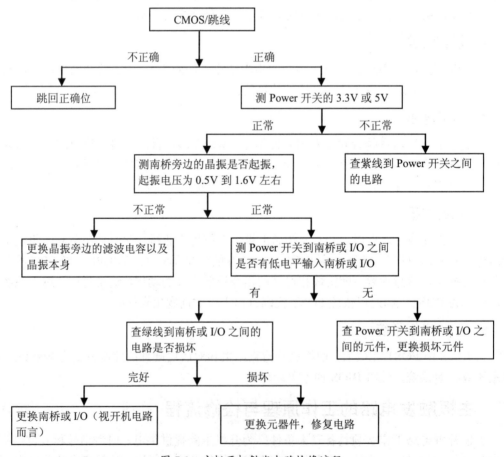

图 7-1 主板开机触发电路检修流程

在主板检修中，很多主板不加电并不是开机电路本身的问题，实际检修时要从简到繁去检修，尽量少走弯路。主板正常加电要具备的条件如下：

　　①主板不能有严重短路故障。

　　②主板 CMOS 电路必须工作正常。

　　③紫线 5VSB 待机电压线路正常。

　　④用低电平触发开机的主板，PWR-接地要良好。

　　⑤参加开机电路的南桥或 I/O、三极管、电容等元件要完好。

　　在实际维修中，若已大致判断是开机触发电路损坏，检修时先要把开机触发电路的线路走向，实现开机触发的大致条件弄清楚，维修起来才能够得心应手，快速找到故障部位。在主板上查找开机触发电路的基本思路为：顺着从 POWER SW（触发开关）→南桥或 I/O，然后反着从 PS ON（绿线）→南桥或 I/O 去查找线路。

三、主板故障分类与起因

　　电脑主板故障主要发生在主板的触发电路、电压调节器、内存电路、插槽和总线等部位。主板故障分布原因如下：

1．触发电路故障

　　触发电路的故障是指按下电源开关后，电脑不能启动。这种故障一般是由 ATX 电源或主板触发电路引起的。

2．电压调节器的故障

　　电压调节器的故障时表现为缺某一组电压或不稳定，造成"黑屏"或"死机"故障。原因一般是以下两种：

　　➢　控制芯片或其他芯片的质量不佳或散热不良。

　　➢　电源滤波电容因长期高温下工作失效或者涨裂漏液，主板工作不稳定。

3．内存芯片及插槽故障

　　内存芯片及插槽故障表现为"黑屏"，喇叭发出不断的长响，诊断卡的代码为 C0、C1 和 C3。这种情况一般都是主板上的电压或者时钟信号出现了问题，检查插槽的电压或时钟信号即可。

4．插座和插槽故障

　　插座和插槽接触不良，造成电脑性能不稳定，出现"黑屏"或"死机"故障。插座和插槽等接触性部位常因金属因氧化、灰尘过多、发生形变和引脚虚焊等引起故障，引发开路、短路和接触不良等故障。

5．接口故障

　　接口故障表现为某些设备不能正常使用。接口包括键盘、鼠标、串行和并行接口等，由于接口长期插拔，特别是在用户操作不当时，很容易造成短路或断路等故障，甚至烧毁元件。接口电路很容易损坏。

6．短路、断路故障

　　各种连接线的不应该连通处连通了，称为短路；应该连通处没有连通时，称为断路。

其中短路故障的危害很大，造成短路、断路的原因有：

> IC 芯片、电阻、电容、三极管、二极管和电感等元器件引起断路、短路。
> 连线受到划伤、腐蚀可以引起连线短路或断路。
> 元器件的焊盘脱落造成虚焊。
> 掉入螺丝或电路板移位造成短路等。

7. DMA 控制器和辅助电路故障

DMA 控制器和辅助电路故障会造成电脑"黑屏"或"死机"故障。DMA 控制器故障需要借助主板诊断卡和示波器来判断。

8. 总线及总线控制器故障

总线及总线控制器故障也会造成电脑"黑屏"或"死机"，严重时也会造成"不开机"。总线控制器属于小信号处理电路，输出的连线太多、太细，当主板受力弯折时容易断路，受潮、霉变时容易发生短路和开路。

不同的主板故障分布不一样，不同的芯片组的故障也有所不同。此外，主板故障还常常与主板驱动主板驱动有关。主板驱动丢失、破损、重复安装会引起操作系统引导失败或造成操作系统工作不稳的故障，可以打开"设备管理器"窗口，检查"系统设备"中的项目是否有黄色惊叹号或问号。将打黄色惊叹号或问号的项目全部删除（可在"安全模式"下进行操作），重新安装主板自带的驱动，重启即可。

四、主板故障的常用的检修方法与流程

要确定主板故障，一般通过逐步拔除或替换主板所连接的板卡（内存、显卡等），先排除这些配件可能出现的问题后，即可把目标锁定在主板上。下面将介绍主板常用的检修方法。

1. 观察法

检查是否有异物掉进主板的元器件之间。如果在拆装机箱时，不小心掉入的导电物卡在主板的元器件之间，就可能会导致"保护性故障"。检查主板与机箱底板间是否少装了用于支撑主板的小铜柱；是否主板安装不当或机箱变形而使主板与机箱直接接触，导致具有短路保护功能的电源自动切断电源供应。

①检查主板电池。如果电脑开机时不能正确找到硬盘、开机后系统时间不正确、CMOS 设置不能保存时，可先检查主板 CMOS 跳线，将跳线改为 NORMAL 选项（一般是 1~2）然后重新设置。如果不是 CMOS 跳线错误，就很可能是因为主板电池损坏或电池电压不足造成的，可更换一个主板电池试试。

②检查主板北桥芯片散热效果。有些杂牌主板将北桥芯片上的散热片省掉了，这可能会造成芯片散热效果不佳，导致系统运行一段时间后死机。遇到这样的情况，可以安装自制的散热片，或安装散热效果好的机箱风扇。

③检查主板上电容。主板上的铝电解电容（一般在 CPU 插槽周围）内部采用了电解液，由于时间、温度和质量等方面的原因会发生老化现象，这会导致主板抗干扰指标的下降影响电脑正常工作。可以购买与老化容量相同的电容，使用电烙铁替换老化的电容。

④仔细检查主板各插头、插座是否歪斜，电阻、电容引脚是否相碰，表面是否烧焦，芯片表面是否开裂，主板上的铜箔是否烧断。触摸芯片的表面，如果出现异常发烫现象，可尝试更换芯片；遇到有疑问的地方，可借助万用表进行测量。

2. 除尘法

主板的面积较大，是聚集灰尘较多的地方。灰尘很容易引发插槽与板卡接触不良，另外主板上一些插卡、芯片采用插脚形式，也常会因为引脚氧化而接触不良。

使用毛刷轻轻刷去主板上的灰尘，要注意不能用力过大或动作过猛，以免碰掉主板表面的贴片元件或造成元件的松动导致虚焊。如果是插槽引脚氧化引起接触不良，可以将有硬度的白纸折好（表面光滑那面向外），插入槽内来回擦拭；对于板卡的金手指，可用橡皮擦擦去除表面氧化层，然后重新插接。

3. 检查主板是否有短路

在加电之前应测量一下主板是否有短路，以免发生意外。判断方法是：测芯片的电源引脚与地之间的电阻。未插入电源插头时，该电阻一般应为 300Ω，最低也不应低于 100Ω。再测一下反向电阻值，可略有差异，但不能相差过大。若正反向阻值很小或接近导通，就说明主板有短路发生。

主板短路的原因可能是主板上有损坏的电阻电容、或有导电杂物，也可能是主板上有被击穿的芯片。要找出击穿的芯片，可以将电源接上加电测量，一般测电源的 +5V 和 +12V。当发现某一电压值偏离标准太远时，可以通过分隔法或割断某些引线，或拔下某些芯片再测电压。当割断某条引线或拔下某块芯片时，若电压变为正常，则这条引线引出的元器件或拔下来的芯片就是故障所在。

4. 拔插交换法

该方法可以确定故障是在主板上，还是在 I/O 设备上。将同型号板卡或芯片相互交换，然后根据故障现象的变化情况来判断故障所在。它主要用于易插拔的维修环境，例如，内存自检出错，可交换相同的内存条来确定故障原因。

插拔交换法的具体操作方法为：先关机，然后将板卡逐个拔出；每拔出一个板卡就开机观察电脑的运行状态，一旦拔出某块板卡后若主板运行正常，则说明该板卡有故障或相应 I/O 总线插槽及负载电路故障；若拔出所有板卡后，系统启动仍不正常，则故障原因就可能就在主板上。

5. 静态/动态测量法

（1）静态测量法。让主板暂停在某一特定状态下，根据电路逻辑原理或芯片输出与输入之间的逻辑关系，用万用表或逻辑笔测量相关点电平来分析判断故障原因。

（2）动态测量分析法。编制专用论断程序或人为设置正常条件，在电脑运行过程中用示波器测量观察有关组件的波形，并与正常的波形进行比较，以便判断故障部位。

由于主板上的控制逻辑集成度越来越高，因此其逻辑正确性已经很难通过测量来判断。可以先判断逻辑关系简单的芯片及阻容元件，然后将故障集中在逻辑关系难以判断的大规模集成电路芯片。

6. 程序测试法

该方法主要用于检查各种接口电路,以及具有地址参数的各种电路是否有故障,其原理就是用软件发送数据、命令,通过读线路状态及某个芯片(如寄存器)状态来识别故障部位。

要使用此方法,CPU 及总线必须运行正常,能够运行有关诊断软件,能够运行安装于 I/O 总线插槽上的诊断卡等。可以使用随机诊断程序、专用维修诊断卡,或者根据各种技术参数(如接口地址)自编专用诊断程序来辅助硬件维修。

任务二 电源故障的分析与检修方法

任务概述

ATX 电源将普通 220V 交流电转换为电脑能够使用的直流电,并专门为电脑的主板、硬盘、光驱、显卡等设备提供不同的电压,是电脑各部件供电的枢纽,是电脑正常工作的基本保证。一旦 ATX 电源出现问题就会发生很多莫名其妙的故障,如电脑频繁重启、无法开关机、硬盘出现坏道等。在本任务中,将介绍 ATX 电源的结构、工作原理及常见故障的诊断与维修方法进行详细介绍。

任务重点与实施

一、认识电源铭牌标注的含义

电源的外壳上一般都有一张电源的铭牌,如图 7-2 所示。铭牌上标注了电源的型号、相关认证和输出电压等信息。

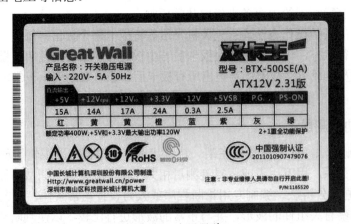

图 7-2 电源铭牌

铭牌中标注的输出电压有+5V、+3.3V、+12V、+5VSB、-5V 和-12V,具体作用如下:

● +3.3V(橙色线):经主板的电压转换电路变换后用于驱动 CPU、内存等电路。

- +5V（红色线）：用于驱动除磁盘、光驱马达以外的大部分电路，包括磁盘、光盘驱动器的控制电路。

- +12V（黄色线）：+12V一般为硬盘、光驱的主轴电机和寻道电机提供电源。如果+12V的电压输出不正常时，常会造成硬盘、光驱的读盘性能不稳定。当电压偏低时，表现为光驱挑盘严重，硬盘的逻辑坏道增加，经常出现坏道，系统容易死机，无法正常使用。偏高时，光驱的转速过高，容易出现失控现象，硬盘表现为失速，飞转，过高则容易烧毁光驱和硬盘。

- -12V（蓝色线）：主要用于某些串口电路，其放大电路需要用到+12V和-12V，通常输出小于1A。

- -5V（白色线）：在较早的PC中用于软驱及某些ISA总线板卡电路，通常输出电流小于1A。在许多新系统中已经不再使用-5V电压，现在的主流电源一般不再提供-5V输出。

- +5VSB（紫色线）：+5VSB（+5V Standby）电压是指在系统关闭后保留一个+5V的等待电压，用于系统的唤醒。因为+5VSB是一个单独的电源电路，只要有输入电压，+5VSB就存在。为了满足不断提高的CPU和主板功耗，现在ATX电源+5VSB输出一般都可以达到1A以上，甚至2A。

电源上的输出线共有九种颜色，与输出电压一一对应，详见表7-1。

表7-1　电源输出线颜色与输出电压对应表

红	黄	橙	紫	白	蓝	绿	灰	黑
+5V	+12V	+3.3V	+5VSB	-5V	-12V	PS on	PW OK	COM

其中的紫色线即使关机后仍然提供+5V电压，供给键盘热键及网络开机使用，可以此判断电源工作是否正常。电源线中的黑色线代表地线，绿色线通过主板与机箱上的电源按键连接，和灰色线配合，提供软件开关机功能。下面将介绍绿色线和灰色线的具体作用。

绿色线PS-ON端（PIN14脚）为电源开关控制端，该端口通过判断该端口的电平信号来控制开关电源的主电源的工作状态。当该端口的信号电平大于1.8V时，主电源为关；如果信号电平为低于1.8V时，主电源为开。因此，在单独为开关电源加电的情况下，可以使用万用表测试该脚的输出信号电平，一般为4V左右。因为该脚输出的电压为信号电平，开关电源内部有限流电阻，输出电流也在几个毫安之内，因此可以直接使用短导线或打开的回形针直接短路PIN14与PIN15（即地线，还有3、5、7、13、15、16、17针），就可以让开关电源开始工作。此时，就可以在脱机的情况下使用万用表测试开关电源的输出电压是否正常。

有时，虽然使用万用表测试的电源输出电压是正确的，但当电源连接在系统上时仍然不能工作，这种情况主要是电源不能提供足够多的电流。典型的表现为系统无规律的重启或关机，此时只能更换功率更大的电源。

灰色线为PW-OK（电源好信号），一般情况下灰色线PW-OK的输出如果在2V以上，那么这个电源就可以正常使用；如果PW-OK的输出在1V以下，这个电源将不能保证系统的正常工作，则必须进行更换。

电脑故障排除与维修

二、ATX 电源的结构和工作原理

ATX 电源从外部来看，主要包括各种输出接口、电源线接口、铭牌、散热口等，如图7-3 所示。从内部来看，电源主要由散热风扇和电源电路板组成，主要包括变压器、高压滤波电容、低压滤波电路、一级 EMI 滤波电路、二级 EMI 滤波电路、主动 PFC 电路等，如图7-4 所示。

图 7-3 ATX 电源外部

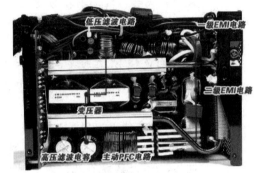

图 7-4 ATX 电源内部

电流在电源内部的大致流程为：高压市电交流输入→1、2 级 EMI 滤波电路（滤波）→全桥电路整流（整流）+大容量高压滤波电容（滤波）→高压直流→开关三极管→高频率的脉动直流电→开关变压器（变压）→低压高频交流→低压滤波电路（整流、滤波）→稳定的低压直流输出。ATX 电源的工作原理图如图7-5 所示。

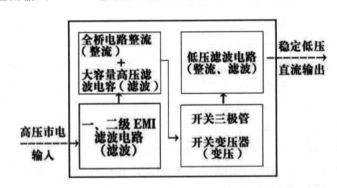

图 7-5 ATX 电源工作原理图

简单来说，电源的工作原理为：当市电进入电源后，先通过扼流线圈和电容滤波去除高频杂波和干扰信号，然后经过整流和滤波得到高压直流电；接着通过开关电路把高压直流电转成高频脉动直流电，再送高频开关变压器降压；最后滤除高频交流部份，这样最后输出供电脑使用的相对纯净的低压直流电。

三、认识电源供电接口的用途

对于一款主流电源来说，它提供的接口类型和数量不但需要满足当前主流平台的应用需求，而且还应该为用户将来升级留出一定的扩展空间，如图7-6 所示。而目前主流电源提供的各种接口类型中，主要包括 24+4pin 主供电接口、4pin/8pin 主供电接口、6+2pin PCI-E

显卡供电接口、大 4pin D 型供电接口和 SATA 15pin 供电接口，下面分别对其进行介绍。

1．20+4pin 主供电接口

目前绝大多数电源的主供电接口都采用的是这种设计，因为这样可以同时满足 24pin 新主板和部分 20pin 老主板的供电需要。可以被灵活搭配的 4pin 接口主要用于给 CPU 供电，如图 7-7 所示。

图 7-6　电源供电接口　　　　　　图 7-7　24pin 主供电接口

20pin 和 24pin 主板电源接口定义如图 7-8 所示。按标准端子来计算，主板的 24Pin 接头共有 2 组+12V，每组可以传输 6A 电流，累计 12A 电流，144W 功率；+5V 有 5 组，共 30A 电流，150W 功率；+3.3V 为 4 组，共 24A 电流，79.2W 功率。不含-12V 和 5Vsb，24Pin 接头累计可以传输 373.2W 功率，使用更高级别的端子则可以提高为 559.8W 以及 684.2W。

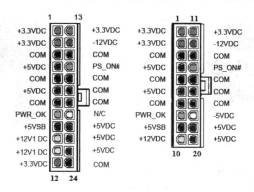

图 7-8　20 和 24Pin 主板电源接口定义

24Pin 供电接口各针孔的具体定义见表 7-2。

表 7-2　24Pin 供电接口各针孔定义表

针脚	定义	线颜色	针脚	定义	线颜色
第 1 针	+3.3V	橙	第 13 针	+3.3V	橙
第 2 针	+3.3V	橙	第 14 针	-12V	蓝
第 3 针	地线	黑	第 15 针	地线	黑
第 4 针	+5V	红	第 16 针	+5V（PWR_On）	绿

续表

针脚	定义	线颜色	针脚	定义	线颜色
第 5 针	地线	黑	第 17 针	地线	黑
第 6 针	+5V	红	第 18 针	地线	黑
第 7 针	地线	黑	第 19 针	地线	黑
第 8 针	+5V（PWR_OK）	灰	第 20 针	-5V	白
第 9 针	+5V（待机电压）	紫	第 21 针	+5V	红
第 10 针	+12V	黄	第 22 针	+5V	红
第 11 针	+12V	黄	第 23 针	+5V	红
第 12 针	+3.3V	橙	第 24 针	地线	黑

2．4pin/8pin 主供电接口

小 4pin 主供电接口和 20+4pin 主供电接口中的 4pin 接口功能相同，专门为给功率较大的 CPU 提供电力而设计，如图 7-9 所示。随着多核 CPU 的出现，4pin 接口已经难以满足部分高端 CPU 的供电需求，于是出现了 4+4pin 或是直接固化成 8pin 的 CPU 供电接口，如图 7-10 所示。

图 7-9　4pin 供电接口

图 7-10　4+4pin 供电接口

4Pin 及 A4+4Pin 供电接头定义如图 7-11 所示。

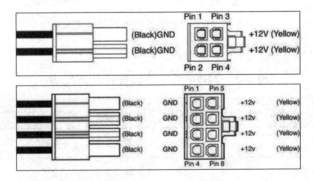

图 7-11　4Pin 及 A4+4Pin 供电接头定义

3．6pin 和 6+2pin PCI-E 显卡供电接口

6pin PCI-E 显卡供电接口可用于目前大部分主流 PCI-E 显卡的外接供电，以弥补 PCI-E

插槽的供电不足。随着独立显卡性能的不断增强，其功耗越来越高。为了给性能强劲的高端显卡提供充足的电力保障，6+2pin 的 PCI-E 显卡供电接口也开始出现，如图 7-12 所示。

6Pin PCI-E 及 6+2Pin PCI-E 供电接头定义如图 7-13 所示。PCIE 电源接口的定义需要特别注意，其中 6Pin 接口的第 2Pin 悬空或者是接有黄色的线缆，第 5Pin 作为电压监测反馈，当监测到这一针处于接地，来判断接头已经接入。8Pin PCIE 接口的情况类似，第 4Pin 和第 6Pin 也是作为电压监测，不传输电流。故 PCI-E 6Pin 接口只有 2 组接线用于传输电流，PCI-E 8Pin 接口为 3 组，按照使用的端子的级别不同，可以传输的功率也不同。

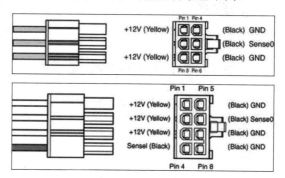

图 7-12　6pin 和 6+2pin PCI-E 显卡供电接口　　　图 7-13　6Pin PCI-E 和 6+2Pin PCI-E 供电接头

4．大 4pin D 型供电接口

大 4pin D 型供电接口俗称"大 4Pin"或者"D4"，过去几年中最常见的供电接口类型，主要为并行接口的硬盘、光驱等各种 IDE 设备和机箱风扇提供电力，如图 7-14 所示。不过在 SATA 设备普及之后，其地位也相应地被 SATA 15pin 供电接口所取代。

大 4pin D 型接口定义如图 7-15 所示。其中的接口所用的端子最大能传输 13A 电流，12V 和 5V 就各可以传输 156W 和 65W 功率。但这种情况下会带来很大的压降，按最大安全电流 5A 来计算，12V 和 5V 分别可以传输 60W 和 25W 功率。

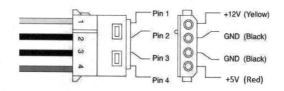

图 7-14　大 4pin D 型接口　　　　　　　图 7-15　大 4pin D 型接口定义

5．SATA 电源接口

SATA 15pin 供电接口是当前最常见的 L 型 15pin SATA 设备供电接口，用于串行接口的硬盘、光驱等 SATA 设备的供电，如图 7-16 所示。

SATA 15pin 供电接口定义如图 7-17 所示。SATA 电源接口共有 5 组电压，每组电压对应 3 针，共 15 针。使用的是 Molex 67581-0000 端子，每个端子可以传输的电流为 1.5A，所以 12V、5V 和 3.3V 各可以传输的电流都为 4.5A，功率分别为 54W、22.5W 和 14.85W。

图 7-16　SATA 供电接口

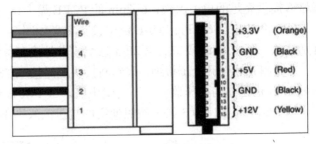

图 7-17　SATA 15pin 供电接口定义

四、电源常见故障的检修方法

下面将介绍电源故障常用的检测方法，包括进行 BIOS 设置、短接电源检测、观察和测量受损元件。

1．设置 BIOS

进入 BIOS 程序，就可以对系统中的 ACPI（高级配置与电源接口）进行设置，以及对电源、主板等方面进行检查。

2．短接电源检测

拆开主机箱，将主供电电源接口拔下来，然后给电源加电。用镊子或导线将 PS-ON 针孔（即第 16 针的绿线）与旁边的黑线孔连接即可启动 ATX 电源，观察电源风扇是否转动，如图 7-18 所示。若电源无任何反应，则说明电源损坏。

3．观察和测量受损元器件

打开电源外壳，检查有无明显故障的元器件，如有无焦黑、爆裂或变形的元器件以及明显的虚焊、短路等。

首先查看熔断器。开关电源损坏，熔断器烧坏的占 80%。如果发现熔断器发黑、有亮斑，则多为严重短路所致，如图 7-19 所示。

图 7-18　短接电源

图 7-19　电源保险丝熔断

若熔断器完好，再查看其他故障，一般有以下三种情况：
①输入回路中某个桥式整流二极管被击穿。

②高压滤波电解电容 C5、C6 被击穿。

③逆变功率开关管 Q1、Q2 损坏。

直流滤波及变换振荡电路长时间工作在高压（+300V）或大电流状态，特别是由于交流电压变化较大、输出负载较重时，容易出现保险丝熔断的故障。直流滤波电路由四只整流二极管、两只 100KΩ 左右限流电阻和两只 330μF 左右的电解电容组成，变换振荡电路则主要由装在同一散热片上的两只型号相同的大功率开关管组成。

交流保险丝熔断后，关机拔掉电源插头。首先仔细观察电路板上各高压元件的外表是否有被击穿烧糊或电解液溢出的痕迹。若无异常，用万用表测量输入端的值，若小于 200KΩ，说明后端有局部短路现象。再分别测量两个大功率开关管 e、c 极间的阻值，若小于 100KΩ，则说明开关管已损坏。测量四只整流二级管正、反向电阻和两个限流电阻的阻值，用万用表测量其充放电情况以判定是否正常。

另外，在更换开关管时，如果无法找到同型号产品而选择代用品时，应注意集电极-发射极反向击穿电压 Vceo、集电极最大允许耗散功率 Pcm、集电极-基极反向击穿电压 Vcbo 的参数应大于或等于原晶体管的参数。切不可在查出某元件损坏时，更换后便直接开机，这样很可能由于其他高压元件仍有故障又将更换的元件损坏。一定要对上述电路的所有高压元件进行全面检查测量后，才能彻底排除保险丝熔断故障。

4. 电源不工作的检测方法

电源不工作，无直流电压输出。可按以下方法进行检修：

打开电源外壳，查看保险丝是否熔断。若保险丝完好，在有负载情况下各级直流电压无输出。其可能原因有电源中出现开路、短路现象，过压、过流保护电路出现故障，振荡电路没有工作，电源负载过重，高频整流滤电路中整流二极管被击穿，滤波电容漏电等。

①用万用表测量主板+5V 电源的对地电阻，若大于 0.8Ω，则说明主板无短路现象。

②将电脑配置改为最小化，只留主板、电源、蜂鸣器，测量各输出端的直流电压，若仍无输出，说明故障出在电脑电源的控制电路中。控制电路主要由集成开关电源控制器和过压保护电路组成，控制电路工作是否正常直接关系到直流电压有无输出。过压保护电路主要由小功率三极管或可控硅及相关元件组成，可用万用表测量该三极管是否被击穿（若是可控硅，则需焊下测量）、相关电阻及电容是否损坏。

③用万用表静态测量高频滤波电路中整流二极管及低压滤波电容是否损坏。

任务三　主板与电源常见故障案例

任务概述

在本任务中，将介绍一些主板与电源常见故障的维修与诊断方法，如无法保存 BIOS 设置、开机无反应、电脑启动后工作不稳定、无法自检等。

任务重点与实施

案例 1：无法保存 BIOS 设置

➤ **故障现象：**电脑启动后每次都提示按【F1】键继续，且无法保存自定义的 BIOS 设置。

➤ **故障诊断与维修：**一般出现此故障是由于主板电池没电造成的，更换一块新电池即可，如图 7-20 所示。

图 7-20 CMOS 电池

案例 2：在设置 BIOS 时死机

➤ **故障现象：**在 BIOS 中将光驱设置为第一启动设备，在设置过程中电脑发生死机现象。

➤ **故障诊断与维修：**设置 BIOS 时出现死机现象，一般是由于主板 Cache（缓存）有问题或主板设计散热不良所引起的。在死机后触摸 CPU 周围的主板元件，如果发现其温度非常高而且烫手，那么在更换大功率风扇之后死机故障即可得到解决。对于主板 Cache 引起的故障，可以进入 BIOS，将 Cache 禁用后（设置为 Disable）即可顺利解决问题。需要注意的是，禁用 Cache 后会影响系统速度。

案例 3：不识别独立网卡

➤ **故障现象：**主板上的集成网卡坏了，在主板上安装一块独立网卡，但在系统中无法找到新安装的网卡，试着更换其他网卡和 PCI 插槽，系统还是不能识别。

➤ **故障诊断：**该故障很可能是因为未将损坏的集成网卡屏蔽，导致新旧设备冲突造成的。

➤ **故障维修：**进入 BIOS 设置程序，选择 Integrated Peripherals 选项，将其中的 Onboard LAN Device 选项设置为 Disable，即可识别新安装的网卡。

若上述问题依然存在，则有可能是因为之前的集成网卡驱动未完全卸载，可以打开"设备管理器"窗口，将其中的网络适配器全部删除，然后重新查找新设备，安装新网卡的驱动程序即可。

案例 4：系统时间自动变慢

➤ **故障现象：**每次电脑开机之后系统时间都会变慢，设置好之后下次开机又会变慢。

➤ **故障诊断：**该故障可能是主板 CMOS 电池没电引起的。

➤ **故障维修：** 首先可更换主板电池，如果故障依然存在，需再仔细观察主板。

在主板电池旁边有一电阻大小、银白色金属外壳封装的两个引脚的元器件。由于电脑所用的时钟发生器是由电容、电阻和石英晶体构成的计时电路，所以可能是主板上电路元器件失效或者变质引起的时间不准，而电容和石英晶体通常又是引起时间不准的主要原因。该故障的解决方法是先用无水酒精清洁计时电路附近的电路板。若还有故障，就需要更换电容和石英晶体了。

案例5：开机报警，提示：CMOS settings Wrong CMOS Date

➤ **故障现象：** 电脑开机后主板发出报警声，接着出现提示信息："CMOS settings Wrong CMOS Date/Time Not set"，怀疑是主板电池没电了，换了电池后问题依旧。

➤ **故障诊断与维修：** 首先应确保更换后的电池是正常的，有条件的话可以用万用表测试主板电池的电压，正常应该为3V。如果电池没问题，则可以检查一下主板上电池座的正负触点是否有氧化或生锈导致接触不良，同时检查旁边的CMOS清零跳线是否处于清除状态，这种状态下CMOS是无法保存信息的。如果这些都正常，则可能是主板线路或南桥芯片出问题了，应尽快送修。

案例6：主板电源指示灯不亮

➤ **故障现象：** 一块被损坏的主板返厂维修后试用正常，将其装入机箱后发现主板电源的指示灯不亮，电脑不能启动。

➤ **故障诊断与维修：** 主板维修后使用正常，可检查电源是否损坏，更换电源之后，排除因电源对主板供电不足而导致主板不能正常通电工作的故障。

如果故障依然存在，则检查是否因安装主板时螺丝拧得过紧引起主板变形，如图7-21和图7-22所示。将主板拆下，仔细观察后发现主板发生了轻微形变，主板两端向上翘起，而中间相对下陷，这很可能是引起故障的原因。将变形的主板矫正之后，再将其装入机箱，通电后一切正常。

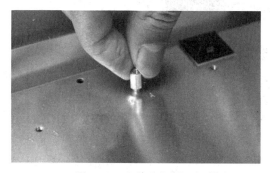

图7-21　安装主板螺丝铜柱

图7-22　主板螺丝

案例7：电脑无法启动，数分钟后恢复正常

➤ **故障现象：** 使用多年的电脑无严重故障，某次开机后光驱指示灯微亮，托盘无法弹出，硬盘指示灯不亮，显示器无任何显示，电脑无法启动，但几分钟后系统恢复正常。

➤ **故障诊断与维修：** 可按以下方法进行检修：

①使用杀毒软件扫描系统，或重新安装操作系统。如果故障依然存在，则可以确定该

电脑故障排除与维修

故障为硬件故障。

②使用替换法依次替换电脑各主要部件，检查问题是否出在主板上。

③仔细检查主板后，发现 CPU 插座旁边的两个电解电容上端微微鼓起，更换电容后系统开始正常工作，故障排除。

案例 8：电脑开机后无任何反应

➤ **故障现象**：电脑开机后无任何反应，主机中的所有连线都正确，且电源连接正常。

➤ **故障诊断与维修**：可先打开主机，连接电源后若看到主板电源指示灯不断闪烁，而不是呈现绿色，说明电源电压不稳定，可使用替换法检查电源是否存在故障。若电源正常，可将主板拆下，清理灰尘后在最小系统状态下启动电脑。若顺利启动，则说明是灰尘导致的故障。

案例 9：电脑主板无法识别内存

➤ **故障现象**：电脑使用金士顿 2GB 内存条，启动电脑后主板不能识别内存。

➤ **故障诊断与维修**：首先可使用替换法将其他内存条插入主板上，若存在相同故障，判断是主板内存条的针脚问题。使用万能表进行测量，若发现主板上有针脚与其对应的芯片短路，将其焊接上之后即可排除故障，如图 7-23 所示。

图 7-23　测量内存针脚

案例 10：电源可以正常工作，开机后屏幕无任何显示

➤ **故障现象**：电源可以正常工作，开机后屏幕无任何显示。

➤ **故障诊断与维修**：出现此故障的可能原因是 POWER GOOD 输入的 Reset 信号延迟时间不够，或 POWER GOOD 无输出。开机后用电压表测量 POWER GOOD 的输出端（接主机电源插头的 8 脚），若无+5V 输出，再检查延时元器件；若有+5V 输出，则更换延时电路的延时电容即可。

案例 11：电脑工作不稳定

➤ **故障现象**：电脑启动后，开始自检光驱和硬盘，自检完后无法启动电脑，按下电脑的重启键无任何反应。有时能正常启动，但电脑工作表现不稳定，常常发生死机故障。

➤ **故障诊断**：出现这种故障，一般是由于电源和其他部件不匹配造成的，主要表现在以下几个方面：

①电源提供的启动脉冲的宽度不能满足主板的要求。

②主板提供的启动 ATX 开关电源的脉冲宽度不能满足电源的要求。

③启动主板、硬盘等设备时瞬时电流需求过大，引起电源过流保护。

➤ **故障维修：**更换一个大功率电源。如果更换电源后故障依旧，那么要考虑更换主板了。

案例 12：升级主板后，经常自动重启

➤ **故障现象：**一台使用了几年的电脑，将主板升级后电脑就经常莫名其妙地重新启动。

➤ **故障诊断：**由于主板升级后电脑才出现故障，很明显是升级导致了硬件之间的不匹配。最大的嫌疑就是电源，因为配置较老的电源一般实际功率都很低，而现在的各主板都是耗电大户，电源的实际功率过低就无法提供足够的电源给主板。

➤ **故障维修：**更换大功率电源即可。

项目小结

通过本项目的学习，读者应重点掌握以下知识：

（1）主板工作原理主要包括五个步骤：电源启动、系统时钟、复位信号、启动主板和启动操作系统。

（2）电脑主板故障主要发生在主板的触发电路、电压调节器、内存电路、插槽和总线等部位。

（3）要确定主板故障，一般通过逐步拔除或替换主板所连接的板卡（内存、显卡等），先排除这些配件可能出现的问题后，即可把目标锁定在主板上。

（4）ATX 电源将普通 220V 交流电转换为电脑能够使用的直流电，并专门为电脑的主板、硬盘、光驱、显卡等设备提供不同的电压。

（5）ATX 输出电压有+5V、+3.3V、+12V、+5VSB、-5V 和-12V，电源上的输出线共有九种颜色，与输出电压一一对应。

（6）电源的供电结构主要包括主要包括 24+4pin 主供电接口、4pin/8pin 主供电接口、6+2pin PCI-E 显卡供电接口、大 4pin D 型供电接口和 SATA 15pin 供电接口。

（7）电源故障常用的检测方法包括进行 BIOS 设置、短接电源检测、观察和测量受损元件。

项目习题

（1）打开电脑机箱盖，熟悉主板上各插槽的功能。

（2）熟悉主板上各芯片的功能。

（3）观察 ATX 电源的铭牌特征。

（4）熟悉 ATX 电源各供电接口的功能。

项目八 CPU、内存与硬盘常见故障诊断与维修

项目概述

　　CPU 作为电脑的"大脑"，一般很少发生故障，但若安装或设置不当同样也会出现故障。内存和硬盘作为内部与外部存储设备，是电脑硬件中较易发生故障的设备，一旦出现故障，系统将变得非常不稳定。在本项目中，将详细介绍 CPU、内存与硬盘常见故障的诊断与维修方法。

项目重点

　　🔖 CPU 故障的分析与检修。
　　🔖 内存故障的分析与检修。
　　🔖 硬盘故障的分析与检修。

项目目标

　　➲ 了解 CPU、内存与硬盘的工作原理及性能参数。
　　➲ 熟悉 CPU、内存与硬盘常见故障的现象。
　　➲ 掌握 CPU、内存与硬盘常见故障的维修方法。
　　➲ 掌握 CPU、内存与硬盘常见故障案例的维修方法。

任务一 CPU 故障的分析与检修方法

 **任务概述**

　　CPU 是电脑中最为核心的部件，各种进程的运行和各种数据的处理都需要集中到 CPU 来完成。正常情况下出现故障的几率很低，但若安装或使用不当，或产品质量有问题，也会出现意想不到的故障。在本任务中，将介绍 CPU 的组成、工作原理及常见故障诊断及其维修方法。

任务重点与实施

一、CPU 的组成

CPU 主要由运算器和控制器组成。CPU 的内部结构大概可分为逻辑部件、寄存器部件和控制部件等三部分，其相互协调，进行分析、判断、运算并控制电脑各部分的协调工作。

1．运算逻辑部件

运算逻辑部件可以执行定点或浮点算术运算操作、移位操作以及逻辑操作，也可以执行地址运算和转换。

2．寄存器部件

寄存器部件包括通用寄存器、专用寄存器和控制寄存器。

通用寄存器又可分定点数和浮点数两类，它们用来保存指令中的寄存器操作数和操作结果。

通用寄存器是中央处理器的重要组成部分，大多数指令都要访问到通用寄存器。通用寄存器的宽度决定计算机内部的数据通路宽度，其端口数目往往可影响内部操作的并行性。

专用寄存器是为了执行一些特殊操作所需用的寄存器。

控制寄存器通常用来指示机器执行的状态，或者保持某些指针，有处理状态寄存器、地址转换目录的基地址寄存器、特权状态寄存器、条件码寄存器、处理异常事故寄存器以及检错寄存器等。

中央处理器中还有一些缓存，用来暂时存放一些数据指令，缓存越大，说明 CPU 的运算速度越快。

3．控制部件

控制部件主要负责对指令译码，并且发出为完成每条指令所要执行的各个操作的控制信号。其结构有两种：一种是以微存储为核心的微程序控制方式，另一种是以逻辑硬布线结构为主的控制方式。

微存储中的微码，每一个微码对应于一个最基本的微操作，又称微指令；各条指令是由不同序列的微码组成，这种微码序列构成微程序。中央处理器在对指令译码以后，即发出一定时序的控制信号，按给定序列的顺序以微周期为节拍执行由这些微码确定的若干个微操作，即可完成某条指令的执行。其中，简单指令是由 3~5 个微操作组成，复杂指令则要由几十个微操作甚至几百个微操作组成。

逻辑硬布线控制器则完全是由随机逻辑组成。指令译码后，控制器通过不同的逻辑门的组合，发出不同序列的控制时序信号，直接去执行一条指令中的各个操作。

二、CPU 的工作原理

CPU 的工作原理好比是一个工厂对产品的加工过程，进入工厂的原料（指令），经过物资分配部门（控制单元）的调度分配，被送往生产线（逻辑运算单元），生产出成品（处理后的数据）后存储在仓库（存储器）中，最后在市场上出售。

具体来说，CPU 的工作主要分为四个阶段：提取（Fetch）、解码（Decode）、执行（Execute）和写回（Writeback）。

1. 提取

第一阶段是提取，从存储器或高速缓冲存储器中检索指令（为数值或一系列数值）。由程序计数器（Program Counter）指定存储器的位置，程序计数器保存供识别目前程序位置的数值。换言之，程序计数器记录了 CPU 在目前程序里的踪迹。提取指令之后，程序计数器根据指令长度增加存储器单元。

2. 解码

CPU 根据存储器提取到的指令来决定其执行行为。在解码阶段，指令被拆解为有意义的片断。根据 CPU 的指令集架构（ISA）定义将数值解译为指令。一部分的指令数值为运算码（Opcode），指示要进行哪些运算。其他的数值通常供给指令必要的信息，诸如一个加法（Addition）运算的运算目标。

3. 执行

在提取和解码阶段之后，接着进入执行阶段。该阶段中，连接到各种能够进行所需运算的 CPU 部件。例如，要求一个加法运算，算数逻辑单元（ALU, Arithmetic Logic Unit）将会连接到一组输入和一组输出。输入提供了要相加的数值，而输出将含有总和的结果。

4. 写回

最终阶段是写回，以一定格式将执行阶段的结果简单的写回。运算结果经常被写进 CPU 内部的暂存器，以供随后指令快速存取。

三、CPU 的主要性能参数

CPU 的性能指标高低直接决定了一台电脑的性能高低，下面对 CPU 的主要性能参数分别进行介绍。

1. 主频

CPU 的主频，即 CPU 内核工作的时钟频率（CPU Clock Speed）。通常所说的某某 CPU 是多少兆赫（MHz）的，而这个多少兆赫就是"CPU 的主频"，如图 8-1 所示。很多人认为 CPU 的主频就是其运行速度，其实不然。CPU 的主频表示在 CPU 内数字脉冲信号震荡的速度，与 CPU 实际的运算能力并没有直接关系。

图 8-1 CPU 的主频标记

主频和实际的运算速度存在一定的关系，但目前还没有一个确定的公式能够定量两者的数值关系，因为 CPU 的运算速度还要看 CPU 的流水线的各方面的性能指标（缓存、指令集、CPU 的位数等）。由于主频并不直接代表运算速度，所以在一定情况下很可能会出现主频较高的 CPU 实际运算速度较低的现象。

CPU 的主频=外频×倍频系数。CPU 的外频决定着整块主板的运行速度，通常所说的超频，都是超 CPU 的外频。倍频系数是指 CPU 主频与外频之间的相对比例关系。在相同的外频下，倍频越高 CPU 的频率也越高。但实际上，在相同外频的前提下高倍频的 CPU 本身意义并不大。这是因为 CPU 与系统之间数据传输速度是有限的，一味追求高主频而得到高倍频的 CPU 就会出现明显的"瓶颈"效应，因为 CPU 从系统中得到数据的极限速度不能满足 CPU 运算的速度。

2. 总线频率

前端总线（FSB）是将 CPU 连接到北桥芯片的总线。前端总线（FSB）频率（即总线频率）是直接影响 CPU 与内存直接数据交换速度。数据带宽=（总线频率×数据位宽）÷8，数据传输最大带宽取决于所有同时传输的数据的宽度和传输频率。

在此需要区别外频与前端总线：前端总线的速度指的是数据传输的速度，外频是 CPU 与主板之间同步运行的速度。也就是说，100MHz 外频特指数字脉冲信号在每秒钟震荡一亿次；而 100MHz 前端总线指的是每秒钟 CPU 可接受的数据传输量是 100MHz×64bit÷8bit/Byte=800MB/s。

3. 缓存

缓存大小也是 CPU 的重要指标之一，而且缓存的结构和大小对 CPU 速度的影响非常大，CPU 内缓存的运行频率极高，一般是和处理器同频运作，工作效率远远大于系统内存和硬盘。实际工作时，CPU 往往需要重复读取同样的数据块，而缓存容量的增大，可以大幅度提升 CPU 内部读取数据的命中率，而不用再到内存或者硬盘上寻找，以此提高系统性能。但由于 CPU 芯片面积和成本的因素，缓存都很小。

L1 Cache（一级缓存）是 CPU 第一层高速缓存，分为数据缓存和指令缓存。内置的 L1 高速缓存的容量和结构对 CPU 的性能影响较大，不过高速缓冲存储器均由静态 RAM 组成，结构较复杂，在 CPU 管芯面积不能太大的情况下，L1 级高速缓存的容量不可能做得太大。一般 CPU 的 L1 缓存的容量通常在 32KB~256KB。

L2 Cache（二级缓存）是 CPU 的第二层高速缓存，分内部和外部两种芯片。内部的芯片二级缓存运行速度与主频相同，而外部的二级缓存则只有主频的一半。L2 高速缓存容量也会影响 CPU 的性能，原则是越大越好。目前，个人电脑中的二级缓存已普遍达到 2M 以上，而服务器和工作站上用 CPU 的 L2 高速缓存更高，可以达到 8M 以上。

L3 Cache（三级缓存），分为两种，早期的是外置，内存延迟，同时提升大数据量计算时处理器的性能。降低内存延迟和提升大数据量计算能力对游戏都很有帮助。而在服务器领域增加 L3 缓存在性能方面仍然有显著的提升。例如具有较大 L3 缓存的配置利用物理内存会更有效，故它比较慢的磁盘 I/O 子系统可以处理更多的数据请求。具有较大 L3 缓存的处理器提供更有效的文件系统缓存行为及较短消息和处理器队列长度。

4．指令集

指令集是存储在 CPU 内部，对 CPU 运算进行指导和优化的硬程序。拥有这些指令集，CPU 就可以更高效地运行。Intel 有 x86，x86-64，MMX，SSE，SSE2，SSE3，SSSE3（Super SSE3），SSE4.1，SSE4.2 和针对 64 位桌面处理器的 EM-64T。AMD 主要是 3D-Now！指令集。

5．制作工艺

CPU 制造工艺又叫做 CPU 制程，它的先进与否决定了 CPU 的性能优劣。CPU 的制造是一项极为复杂的工程，当今世上只有少数几家厂商具备研发和生产 CPU 的能力。CPU 的发展史也可以看作是制作工艺的发展史。几乎每一次制作工艺的改进都能为 CPU 发展带来最强大的源动力，无论是 Intel 还是 AMD，制作工艺都是发展蓝图中的重中之重。

制造工艺的微米是指 IC 内电路与电路之间的距离。制造工艺的趋势是向密集度越来越高的方向发展。密度高的 IC 电路设计，意味着在同样大小面积的 IC 中，可以拥有密度更高、功能更复杂的电路设计。主要有 180nm、130nm、90nm、65nm、45nm、22nm，Intel 已经于 2010 年发布 32nm 的制造工艺的酷睿 i3/酷睿 i5/酷睿 i7 系列，并于 2012 年 4 月发布了 22nm 酷睿 i3/i5/i7 系列。

6．CPU 插槽

CPU 插槽是 CPU 与主板连接的接口，目前 Intel 生产的 CPU 主要采用 LGA 封装（Land Grid Array，触点阵列封装），AMD 生产的 CPU 采用 Socket（插槽）封装。

Intel 的 LGA 封装主要有 LGA1150、1155、1156 和 1366 等，LGA 封装的 CPU 底部没有针脚，只有一排排整齐排列的金属触电，如图 8-2 所示。因此，CPU 不用利用针脚进行固定，需要使用主板插槽上的安装扣架来固定，使 CPU 可以正确地压在 LGA 插槽上的弹性触须上。

AMD 的 Socket 封装主要有 SocketAM2 和 AM3，Socket 封装的 CPU 仍然为传统的针脚式（如图 8-3 所示），插到主板上的 Socket 零拔力（ZIF）插槽上，通过压杆使 CPU 的引脚与插槽紧密地接触。

图 8-2　酷睿 i5 的 LGA1150 封装　　　　图 8-3　AMD CPU 的 Socket AM3+封装

四、CPU 发生故障后的现象与检修方法

当 CPU 发生故障后，通常会出现以下现象：

①加电后系统没有任何反应，也就是我们经常所说的主机点不亮；

②电脑频繁死机，即使在 CMOS 或 DOS 下也会出现死机的情况（这种情况在其他配件出现问题时，如内存等也会出现，可以利用排除法查找故障出处）。

③电脑不断重启，特别是开机不久便连续出现重启的现象。

④电脑性能下降，并且下降的程度相当大。

在正常使用电脑中 CPU 处理器时出现故障的情况并不多见，首先应排除是否为用户对 CPU 进行超频造成的烧毁。一般情况下，如果电脑无法启动或是极不稳定，我们会从主板、内存等容易出现故障的配件入手进行排查。如果主板、内存、显卡、硬件等其他配件都没有问题，那么肯定是 CPU 出现了问题。

①检查 CPU 是否烧毁、压坏。关机拔掉电源后，打开机箱取下 CPU 风扇，拿出 CPU，观察 CPU 是否有烧毁或针脚是否有压弯的现象。

②检查风扇是否正常。由于 CPU 运行时散发的热量很高，需要散热器和散热风扇驱散热量，风扇一旦出现故障，CPU 就会工作不正常甚至发生 CPU 被烧毁。平时发现风扇转速不均匀或风扇旋转时噪声很大时，应该将风扇取下，在轴承处加些润滑油。

③CPU 本身存在的质量故障。CPU 因质量问题出现的故障很少见，但也有以次充好的现象，可以通过专门的 CPU 测试软件检测 Bug 是否存在。

④检查 CPU 安装是否正确。检查 CPU 是否安装到位，安装 CPU 时要和主板 CPU 插座一致才能安装上。注意，只要 CPU 上的小三角对准主板 CPU 插座上的小三角，就不会安装错误了。

任务二　内存故障的分析与检修方法

任务概述

在使用电脑时总会遇到这样或那样的各种问题，如启动电脑却无法正常启动、无法进入操作系统或是运行应用软件无故经常死机等，这些问题的产生常常是因为内存出现异常导致。内存主要担负着数据的临时存取任务，而市场上内存条的质量又参差不齐，所以它发生故障的几率比较大，本任务将介绍内存的工作原理及常见故障的诊断及其维修方法。

任务重点与实施

一、认识内存的组成与工作原理

目前市场中台式机的内存类型主要为 DDR 内存，它经历了 DDR、DDR2、DDR3 三个时代。内存条由内存芯片、SPD（Serial Presence Detect，串行存在检测）芯片、少量电阻等辅助元件以及 PCB（Printed Circuit Board，印刷电路板）组成，如图 8-4 所示，有 8 个长方形的内存芯片，芯片上标有内存的编号。

图 8-4　8 个长方形内存芯片

SPD 是内存上面的一个可擦写的 ROM，里面记录了该内存的许多重要信息，诸如内存的芯片及模组厂商、工作频率、工作电压、速度、容量、电压与行、列地址带宽等参数，它一般位于内存脚缺口的右侧，如图 8-5 所示。

图 8-5　内存 SPD 芯片

SPD 信息一般都是在出厂前由内存模组制造商根据内存芯片的实际性能写入到 ROM 芯片中。在启动电脑后，主板 BIOS 就会读取内存 SPD 中的信息，主板北桥芯片组就会根据这些参数信息来自动配置相应的内存工作时序与控制寄存器，从而可以充分发挥内存条的性能。当主板从内存条中不能检测到 SPD 信息时，它就只能提供一个较为保守的配置。

内存一般采用半导体存储单元，包括只读存储器（ROM-Read Only Memory）、随机存储器（RAM-Read Access Memory）和高速缓存存储器（Cache）。我们平常所指的内存条其实就是 RAM，其主要作用是存放各种输入、输出数据和中间计算结果，以及与外部存储器交换信息时做缓冲之用。RAM 的最大特点是关机或断电数据便会丢失。

内存的工作原理就是系统所需要的指令和数据从外部存储器（如硬盘、光盘等）被调入内存，CPU 再从内存中读取指令或数据进行运算，起到一个中转站的作用。

二、内存的主要性能参数

内存的性能指标包括容量、带宽、频率和延迟等，这些数据通常保存在内存的 SPD 芯片中，它们是衡量内存好坏的基本标准，下面将分别对其进行简单介绍。

1. 容量

内存容量表示内存可以存放数据的空间大小，其单位为 MB。内存的容量一般都为 2 的 N 次方，如 512MB、1GB、2GB、4GB 和 8GB，1GB=1024MB。一般来说，内存容量越大，越有利于系统的运行。

2. 带宽

带宽用来衡量内存传输数据的能力，表示单位时间内传输数据容量的大小，代表了吞吐数据的能力。

内存带宽的计算公式是：带宽=内存核心频率×内存总线位数×倍增系数。简化公式为：标称频率×位数。例如，一条 DDR3 1333MHz 64bit 的内存，理论带宽为：1333×64÷8=10664MB/s = 10.6GB/s，由于 8bit（位）=1byte（字节），因此计算时需除以 8。

如果用户组建了双通道，那么内存控制器可以同时从 2 条内存中读取数据，双通道内存带宽为单通道的 2 倍。同理，三通道的内存带宽为单通道的 3 倍。

3．频率

内存主频和 CPU 主频一样，习惯上被用来表示内存的速度，它代表着该内存所能达到的最高工作频率。内存主频是以 MHz（兆赫）为单位来计量的。内存主频越高在一定程度上代表着内存所能达到的速度越快。内存主频决定着该内存最高能在什么样的频率正常工作。由于内存本身不具备时钟芯片，需要使用主板提供的时钟信号，因此内存得到实际工作频率是由主板芯片组的北桥或主板提供的，也就是说内存无法决定自身的工作频率，其实际工作频率是由主板来决定的。

4．延迟

延迟 CL 全称为 CAS Latency，CAS 为 Column Address Strobe（列地址控制器），它是指内存存取数据所需的延迟时间，简单地说，就是内存接到 CPU 的指令后的反应速度。CL 是在同一频率下衡量内存好坏的标志。

5．内存 ECC 校验

内存在其工作过程中难免会出现错误，而对于稳定性要求高的用户来说，内存错误可能会引发致命性的问题。内存错误根据其原因还可分为硬错误和软错误。硬件错误是由于硬件的损害或缺陷造成的，故此数据总是不正确，此类错误是无法纠正的。软错误是随机出现的，如在内存附近突然出现电子干扰等因素都可能造成内存软错误的发生。

ECC（Error Checking and Correcting）内存即纠错内存，简单地说，其具有发现错误，纠正错误的功能，一般多应用在高档台式电脑/服务器及图形工作站上，这会使整个电脑系统在工作时更趋于安全稳定。

在内存中 ECC 能够容错，并可以将错误更正，使系统得以持续正常的操作，不致因错误而中断，且 ECC 具有自动更正的能力，可以将奇偶校验无法检查出来的错误位查出并将错误修正。

三、常见内存故障现象

内存是电脑中的重要部件，一旦发生故障就会导致电脑无法启动或死机等故障。常见故障现象表现如下：

- 开机无显示或随机性死机。
- 内存容量加大后系统资源使用反而降低，出现内存不足的提示。
- 系统自动进入安全模式。
- 系统运行不稳定，经常产生非法错误。
- 系统注册表无故损坏，出现提示信息要求用户恢复。

- 启动电脑时出现多次重启。
- 安装系统进行到系统配置时产生一个非法错误。

四、内存故障检修方法

内存常用的维修方法就是先观察再排除，最后确定故障原因后进行维修。下面介绍根据各种故障现象来选择相应的维修方法。

1. 随机性出错或死机故障

出现这种故障往往是因为存储芯片的控制电路迟缓，输出信号不稳定，延时器的延时输出不正确或者某些芯片将要损坏等。可采取的维修方法是通过 BIOS 或主板上的跳线来增强电压，若还是不能解决问题则需更换内存条。

2. 开机无显示并伴有报警声

内存报警大多由于内存或内存插槽损坏、内存高点以及相关电路故障，可通过替换排除法找到故障元件再进行维修或更换。由于内存和内存插槽接触不良引起的，可通过清洁法即用毛刷等工具清除灰尘，或将内存条的金手指部分用橡皮擦干净，然后重新插好内存条即可。

3. 运行某些程序时跳出内存不足的提示信息

当系统剩余空间不足时会出现此类故障，需要及时清理，把无用的文件程序删除或卸载，保证系统盘至少有 1GB 的空间。

4. 内存芯片质量不佳或者与主板不兼容

此类故障现象是 Windows 运行不稳定，经常产生非法错误，Windows 会自动进入安全模式或者自动重启等。

对此类故障采取的方法是在 CMOS 中设置降低内存读取速度，或使用主板的内存异步功能将内存频率降低，或更换内存。

5. 安装 Windows 系统进行到系统配置时产生非法错误

此类故障主要是由于内存的损坏造成的，可先清理内存条和内存插槽后插好再试，若还不行就需要更换内存条了。

任务三　硬盘故障的分析与检修方法

任务概述

硬盘是电脑中最主要的外部存储设备，电脑的操作系统、各种应用软件以及用户的个人资料都保存在硬盘中。目前硬盘主要分为传统的机械式硬盘和新兴的固态硬盘两种类型，本任务主要讲解机械硬盘的常见故障及检修方法。

任务重点与实施

一、认识硬盘的组成

目前主流的电脑硬盘为机械硬盘，下面分别从外部和内部两个方面来介绍硬盘的构成。

1．硬盘外观结构

从外观上看硬盘主要包括盖板、接口和控制电路板。

（1）硬盘盖板

硬盘的金属盖板是保护硬盘的主要部件之一，用于保护硬盘内部的盘片及各机械部件不受损坏。一般在硬盘盖板上标注了硬盘的各种参数，主要包括硬盘品牌、编号、容量、接口类型、序列号、生成日期、产地以及跳线示意图等信息，如图 8-6 所示。

（2）接口

硬盘接口包括电源插口和数据接口两部分，其中电源插口与主机电源相联，为硬盘工作提供电力保证。数据接口则是硬盘数据和主板控制器之间进行传输交换的纽带，目前硬盘使用的接口为 SATA 接口，如图 8-7 所示。

图 8-6　硬盘盖板

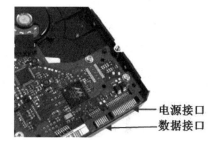

◀── 电源接口
◀── 数据接口

图 8-7　硬盘接口

（3）控制电路板

硬盘的电路板是与主板进行数据交换的中介，它将接口传送过来的电信号转换为磁信号记录到硬盘中，当硬盘进行读写操作时，电路板又将硬盘盘片上的信息转化为电信号，然后将信息传送到硬盘接口。

硬盘电路板上的元件很多，多采用贴片式元件焊接，包括主轴调速电路、磁头驱动与伺服定位电路、读写电路、控制与接口电路等，如图 8-8 所示。在电路板上还有一块高效的单片机 ROM 芯片，其固化的软件可以进行硬盘的初始化，执行加电和启动主轴电机，加电初始寻道、定位以及故障检测等操作。在电路板上还安装有容量不等的高速缓存芯片。

图 8-8　硬盘电路板

2. 硬盘内部构成

硬盘内部结构主要包括磁头、盘片、控制电路、主轴电机以及磁头臂等，如图 8-9 所示。

（1）盘片和主轴组件

盘片是硬盘存储数据的载体，现在的盘片大都采用金属薄膜磁盘，这种金属薄膜较之软磁盘的不连续颗粒载体具有更高的记录密度，同时还具有高剩磁和高矫顽力的特点，如图 8-10 所示。

图 8-9　硬盘内部构成

图 8-10　硬盘盘片和磁头

硬盘盘片上附着着磁粉，这些磁粉被划分成称为磁道的若干个同心圆，在每个同心圆的磁道上就好像有无数的任意排列的小磁铁，它们分别代表着 0 和 1 的状态。当这些小磁铁受到来自磁头的磁力影响时，其排列的方向会随之改变。利用磁头的磁力控制指定的一些小磁铁方向，使每个小磁铁都可以用来储存信息。

主轴组件包括主轴部件如轴瓦和驱动电机等。随着硬盘容量的扩大和速度的提高，主轴电机的速度也在不断提升，有厂商开始采用精密机械工业的液态轴承电机技术。

（2）浮动磁头组件

硬盘的浮动磁头组件由读写磁头、传动手臂、传动轴三部分组成。磁头是硬盘技术最重要和关键的一环，实际上是集成工艺制成的多个磁头的组合，它采用了非接触式头、盘结构，加电后在高速旋转的磁盘表面飞行，飞高间隙只有 $0.1\mu m{\sim}0.3\mu m$，可以获得极高的数据传输率。现在转速 5400rpm 的硬盘飞高都低于 $0.3\mu m$，以利于读取较大的高信噪比信号，提供数据传输存储的可靠性。

硬盘的磁头用来读取或者修改盘片上磁性物质的状态，一般来说每一个磁面都会有一个磁头，从最上面开始，从 0 开始编号。磁头在停止工作时与磁盘是接触的，但在工作时呈飞行状态。磁头采取在盘片的着陆区接触式启停的方式，着陆区不存放任何数据，磁头在此区域启停，不存在损伤任何数据的问题。读取数据时盘片高速旋转，由于对磁头运动采取了精巧的空气动力学设计，此时磁头处于离盘面数据区 $0.2\mu m{\sim}0.5\mu m$ 高度的"飞行状态"，既不与盘面接触造成磨损，又能可靠地读取数据。

（3）磁头驱动机构

磁头驱动机构由音圈电机和磁头驱动小车组成，新型大容量硬盘还具有高效的防震动机构。高精度的轻型磁头驱动机构能够对磁头进行正确的驱动和定位，并在很短的时间内精确定位系统指令指定的磁道，保证数据读写的可靠性。

（4）前置控制电路

前置放大电路控制磁头感应的信号、主轴电机调速、磁头驱动和伺服定位等，由于磁头读取的信号微弱，将放大电路密封在腔体内可以减少外来信号的干扰，提高操作指令的准确性。

二、硬盘的工作原理

概括地说，硬盘的工作原理是利用特定的磁粒子的极性来记录数据。磁头在读取数据时，将磁力子的不同极性转换成不同的电泳冲信号，再利用数据转换器将这些原始信号变成电脑可以使用的数据，写的操作正好与此相反。另外，硬盘中还有一个存储缓冲区，这是为了协调硬盘与主机在数据处理速度上的差异而设计的。

在硬盘盘片的每一面上，以转动轴为轴心、以一定的磁密度为间隔的若干个同心圆就被划分成磁道（Track），每个磁道又被划分为若干个扇区（Sector），数据就按扇区存放在硬盘上。在每一面上都相应地有一个读写磁头（Head），所以不同磁头的所有相同位置的磁道就构成了所谓的柱面（Cylinder）。传统的硬盘读写都是以柱面、磁头、扇区为寻址方式的（CHS 寻址）。

硬盘驱动器加电正常工作后，利用控制电路中的单片机初始化模块进行初始化工作，此时磁头置于盘片中心位置，初始化完成后主轴电机将启动并以高速旋转，装载磁头的小车机构移动，将浮动磁头置于盘片表面的 00 道，处于等待指令的启动状态。

当接口电路接收到电脑系统传来的指令信号，通过前置放大控制电路，驱动音圈电机发出磁信号，根据感应阻值变化的磁头对盘片数据信息进行正确定位，并将接收后的数据信息解码，通过放大控制电路传输到接口电路，反馈给主机系统完成指令操作。结束操作的硬盘处于断电状态，在反力矩弹簧的作用下浮动磁头驻留到盘面中心。

硬盘的 0 柱面 0 磁头 1 扇区为主引导记录，它主要由三部分组成：主引导记录、硬盘分区表和结束标志。

（1）主引导记录

主引导记录占据 446 个字节，用于检查分区表是否正确并且在系统硬件完成自检以后将控制权交给硬盘上的引导程序。它不依赖任何操作系统，而且启动代码也是可以改变的，从而能够实现多系统引导。

（2）硬盘分区表

硬盘分区表占据主引导扇区的 64 个字节（偏移 01BEH~偏移 01FDH），可以对四个分区的信息进行描述，其中每个分区的信息占据 16 个字节。例如，如果某一分区在硬盘分区表的信息如下：

　　80 01 01 00 0B FE BF FC 3F 00 00 00 7E 86 BB 00

从中我们可以看到，最前面的"80"是一个分区的激活标志，表示系统可引导[1]；"01 01 00"表示分区开始的磁头号为 1，开始的扇区号为 1，开始的柱面号为 0；"0B"表示分区的系统类型是 FAT32，其他比较常用的有 04（FAT16）、07（NTFS）；"FE BF FC"表示分区结束的磁头号为 254，分区结束的扇区号为 63、分区结束的柱面号为 764；"3F 00 00 00"表示首扇区的相对扇区号为 63；"7E 86 BB 00"表示总扇区数为 12289662。

硬盘分区表每个字节的定义见表 8-1。

表 8-1 硬盘分区表各字节定义

偏移	长度（字节）	意　义
00H	1	分区状态：00 代表非活动分区；80 代表活动分区；其他数值没有意义
01H	1	分区起始磁头号（HEAD），用到全部 8 位
02H	2	分区起始扇区号（SECTOR），占据 02H 的位 0~5；该分区的起始磁柱号（CYLINDER），占据 02H 的位 6~7 和 03H 的全部 8 位
04H	1	文件系统标志位
05H	1	分区结束磁头号（HEAD），用到全部 8 位
06H	2	分区结束扇区号（SECTOR），占据 06H 的位 0~5；该分区的结束磁柱号（CYLINDER），占据 06H 的位 6~7 和 07H 的全部 8 位
08H	4	分区起始相对扇区号
0CH	4	分区总的扇区数

（3）结束标志字

结束标志字为 AA55，存储时低位在前，高位在后，即看上去是 55AA（偏移 1FEH~偏移 1FFH），最后两个字节是检验主引导记录是否有效的标志。

三、硬盘的主要性能参数

机械硬盘有很多性能参数指标，如容量、转速、平均寻道时间、平均潜伏期、平均访问时间、数据传输速率、缓存、S.M.A.R.T 技术等，下面分别对其进行简单介绍。

1．容量

机械硬盘的容量是指碟片的容量之和，用 GB 为单位来表示，硬盘的容量越大，存储的数据也就越多。目前，硬盘的容量主要有 320GB、500GB、750GB、1TB 和 2TB。而 SSD 固态硬盘的容量则为从 16GB 到 1TB。HDD 硬盘的容量指标还包括硬盘的单碟容量。所谓单碟容量，是指硬盘单片盘片的容量，单碟容量越大，单位成本越低，平均访问时间也越短。

2．转速

转速是硬盘内电机主轴的旋转速度，也就是硬盘盘片在一分钟内所能完成的最大转数。转速的快慢是标志硬盘档次的重要参数之一，它是决定硬盘内部传输率的关键因素之一，在很大程度上直接影响到硬盘的速度。

硬盘的转速越快，硬盘寻找文件的速度也就越快，相对的硬盘的传输速度也就得到了提高。硬盘转速以每分钟多少转来表示，单位表示为 rpm（转/分钟）。家用的普通硬盘的转速一般有 5400rpm、7200rpm 几种，而对于笔记本用户则是 4200rpm、5400rpm 为主。

3．平均寻道时间

硬盘的平均寻道时间（Average Seek Time）是指硬盘的磁头移动到盘面指定磁道所需的时间，单位为"毫秒"（ms）。这个时间当然越小越好，目前硬盘的平均寻道时间通常在8ms~12ms之间。

4．潜伏期

硬盘的等待时间又叫潜伏期（Latency），是指磁头已处于要访问的磁道，等待所要访问的扇区旋转至磁头下方的时间。平均等待时间为盘片旋转一周所需的时间的一半，一般应在4ms以下。

5．平均访问时间

平均访问时间（Average Access Time）是指磁头从起始位置到达目标磁道位置，并且从目标磁道上找到要读写的数据扇区所需的时间。平均访问时间体现了硬盘的读写速度，它包括了硬盘的寻道时间、等待时间和相关的内部操作时间。

6．数据传输速率

传输速率（Data Transfer Rate）硬盘的数据传输率是指硬盘读写数据的速度，单位为"兆字节每秒"（MB/s）。硬盘数据传输率又包括了内部数据传输率和外部数据传输率。

内部传输率（Internal Transfer Rate）也称为持续传输率（Sustained Transfer Rate），它反映了硬盘缓冲区未用时的性能。内部传输率主要依赖于硬盘的旋转速度。

外部传输率（External Transfer Rate）也称为突发数据传输率（Burst Data Transfer Rate）或接口传输率，它反映的是系统总线与硬盘缓冲区之间的数据传输率，外部数据传输率与硬盘接口类型和硬盘缓存的大小有关。

7．缓存

缓存（Cache memory）是硬盘控制器上的一块内存芯片，具有极快的存取速度，它是硬盘内部存储和外界接口之间的缓冲器。由于硬盘的内部数据传输速度和外界介面传输速度不同，缓存在其中起到一个缓冲的作用。

缓存的大小与速度是直接关系到硬盘的传输速度的重要因素，能够大幅度地提高硬盘整体性能。当硬盘存取零碎数据时需要不断地在硬盘与内存之间交换数据，有大缓存则可以将那些零碎数据暂存在缓存中，减小外系统的负荷，也提高了数据的传输速度。

8．S.M.A.R.T 技术

S.M.A.R.T.技术的全称是 Self-Monitoring Analysis and Reporting Technology，即"自监测、分析及报告技术"。

S.M.A.R.T.监测的对象包括磁头、磁盘、马达、电路等，由硬盘的监测电路和主机上的监测软件对被监测对象的运行情况与历史记录及预设的安全值进行分析、比较，当出现安全值范围以外的情况时会自动向用户发出警告，而更先进的技术还可以提醒网络管理员的注意，自动降低硬盘的运行速度，把重要数据文件转存到其他安全扇区，甚至把文件备份到其他硬盘或存储设备。通过 S.M.A.R.T.技术可以对硬盘潜在故障进行有效预测，从而提高数据的安全性。

四、硬盘故障现象及分类

常见的硬盘故障现象主要有以下几方面：

> 在读取某一文件或运行某一程序时，出现反复读盘或读盘出错，或者读盘时间很长才能成功，硬盘会发出杂音。

> 格式化硬盘时，在进行到某一进度时停滞不前，报错后无法正常完成。

> 无法进行硬盘分区。

> 硬盘无法启动，显示黑屏。

> 使用电脑时出现蓝屏。

> 硬盘不启动，无提示信息。

> 硬盘不启动，屏幕显示"DISK BOOT FAILURE, INSERT SYSTEM DISK AND PRESS ENTER"。

> 硬盘不启动，屏幕显示"Error Loading Operating System"。

> 硬盘不启动，屏幕显示"Not Found any Active Partition in HDD"。

> 硬盘不启动，屏幕显示"Invalid Partition Table"。

硬盘在运行时经常出现的故障种类包括：

（1）系统不认硬盘

系统从硬盘无法启动，使用 CMOS 中的自动监测功能也无法发现硬盘的存在。这种故障主要出现在连接数据线或 SATA 端口上，可以通过重新插接硬盘数据线或者改换 SATA 端口及数据线等进行替换试验，就会很快发现故障所在。

（2）CMOS 引起的故障

CMOS 中的硬盘类型正确与否会直接影响硬盘的正常使用。现在的主板都可以自动检测硬盘的类型，当硬盘类型错误时系统无法启动或者能够启动，但会发生读写错误。

（3）硬盘分区表被破坏

产生这种故障的原因较多，如使用过程中突然断电、带电拔插、工作时强烈撞击、病毒破坏和软件使用不当等。

（4）硬盘坏道

硬盘的坏道有物理坏道和逻辑坏道两种。物理坏道是由盘片的损伤造成的，这类坏道一般不能修复，只能通过软件将坏道屏蔽；逻辑坏道是由软件因素（如非法关机等）造成的，可以通过软件进行修复。

硬盘坏道的表现形式为：系统没有中毒，进入系统却奇慢无比，或者无故重启，硬盘灯长亮（不是闪烁），启动一些程序时电脑假死等。

五、硬盘故障维修方法

当硬盘出现问题时不要盲目的去拆除，要先分析问题出在哪里再进行维修，不然会造成无法预估的损失，甚至导致硬盘报废。由于硬盘软硬件引起的故障有很多种，检测方法也很多，下面将介绍几种常用的检测方法。

（1）观察法

维修时要观察硬件环境，如硬盘接口、电路板是否有灰尘，电路板上元器件是否有损坏，是否有异味和异常响声等。

（2）替换法

用好的插件板或元器件来替换有故障的，从而找到故障所在，如硬盘的数据线和电源线方面的故障。使用替换法时应注意以下几点：

① 依照故障现象判断故障位置。根据故障的现象来判断是不是某一个部件引起的故障，进而考虑需要进行替换的部件或设备。

② 按先简单再复杂的顺序进行替换。硬盘结构复杂，通常发生故障的原因是多方面的，不应仅仅局限于某一点或某一个部件上。在使用替换法检测故障位置而又不明确具体的故障原因时，要按照先简单再复杂的替换方法来进行。

③ 优先检查供电故障。优先检查可疑部件的电源、信号线，再替换可疑部件，然后是替换供电部件，最后替换与之相关的其他部件。

④ 重点检测故障率高的部件。先从故障率高的部件考虑，如果判断可能是由于某个部件所引起的故障，但又不确定是否一定是此部件时，可以用好的部件进行替换进行测试。

（3）程序诊断法

由硬盘故障引起的系统不稳定，需要借助专门的软件如 Scandisk、MHDD 等来测试，寻找硬盘坏道。

（4）杀毒软件修复法

硬盘感染病毒后电脑将不能正常工作，所以需要杀毒软件来修复硬盘故障。

（5）分区法

通过使用 Fdisk、PatitionMagic 等软件来修复被感染的分区或是无法引导的故障和隐藏的硬盘坏道，使硬盘能够正常工作。

（6）CMOS 检测法

硬盘接入电脑后，通过进入的 CMOS 程序检测硬盘的存在与否来判断硬盘的跳线、接口以及电路板等故障。

（7）清洁法

由于工作环境的限制，硬盘接口或电路板难免会积累灰尘，接口的铜针也会有锈蚀，需要及时清洁。

（8）低级格式法

通过使用 DM 等低级格式化软件来达到修复磁盘坏道的目的。

（9）测电阻法

根据万用表测得的阻值或通电情况来分析电路的故障原因。

任务四　CPU、内存与硬盘常见故障案例

 **任务概述**

在本任务中，将介绍一些 CPU、内存与硬盘常见故障的维修与诊断方法，如电脑频繁死机、系统常常出现非法操作提示，硬盘出现逻辑坏道等。

任务重点与实施

案例 1: CPU 参数显示不正确

➢ **故障现象:** 电脑使用的 CPU 频率为 2.4GHz,用软件测试主频只有 2.28GHz,电压也低于在 BIOS 中的设定值,显示为 1.62V。另外,也没有插上 ATX 电源的 12V 4 针插头。

➢ **故障诊断与维修:** CPU 的主频速度只是一个标记值,实际运行速度是由主板的相关时钟电路决定的。若不进行超频,一般 CPU 的频率都会略低于标记值。因此,只要偏差不是太大就属于正常现象。若差值较大,可能是主板在设计上存在不足,或主板 BIOS 的版本太低。如果 BIOS 版本太低,可将其刷新到最新的版本。

ATX 电源的 12V 4 针插头是对 CPU 独立供电的插头,主要针对部分主板的 CPU 插座不能提供足够的电流设计的,不使用它对电脑性能并不产生影响,不过有的主板可能会出现不能开机的情况,因此建议使用它,如图 8-11 所示。

图 8-11　12V 4 针插头

案例 2: CPU 风扇转速为零

➢ **故障现象:** 电脑启动之后发出报警声,并出现一行红字提示发现系统监控出现了错误,CPU 风扇转速为零,按任意键可正常引导系统。

➢ **故障诊断与维修:** 有些主板 BIOS 的特色之一就是在于电脑自检时可以自动侦测各项关键参数,出现异常时就会发出警报信息以提醒用户,此次问题出在 CPU 散热风扇上。

由于监控芯片侦测风扇转速需配合三针的风扇,其中一针提供风扇状态信息,市场上不少廉价风扇的第 3 根针不起作用或不可靠,所以 BIOS 误认为风扇停转或转速太慢而发出报警的信息。

遇到这种情况只需更换一个高质量的风扇即可,如图 8-12 所示。

CPU 风扇的四线根的作用分别是:一个电源 12V(绿色),一个接地 GND(黑色),一个是信号线 Sensor(黄色),用来向主板发送风扇转速的信息,另外一根线(蓝色)就是 Intel 在 Socket T 架构的风扇中采用的 PWM(Pulse Width Modulation 脉宽调制)智能温控风扇的 PWM 信号线。

图 8-12　CPU 风扇

案例 3：系统频繁死机

➢ **故障现象**：电脑运行一段时间后经常莫名其妙地自动重启，关机之后重新开机运行一段时间后又自动重启。

➢ **故障诊断**：此故障是由于 CPU 散热不良或 CPU 安装不到位引起的。

➢ **故障维修**：打开机箱，启动电脑，检查散热器风扇和 CPU 是否接触不良，散热风扇是否安装牢固，以及与 CPU 之间是否留有空隙。如果是由于散热风扇不转引起的故障，更换一个 CPU 风扇即可。卸下散热风扇，取出 CPU 观察是否有损坏歪针现象，重新安装 CPU。散热风扇转速不够，应对风扇进行保养，撕下 CPU 风扇的标签，给风扇的轴承加些润滑油。用户还可以添加机箱散热风扇，提高主机的散热性。

案例 4：CPU 超频与内存冲突

➢ **故障现象**：双核的 CPU 超频使用后一切正常，用两根 2GB 的内存条替代原来的两根 512MB 的内存条，启动电脑自检通过，在出现"Starting Windows...."时死机。

➢ **故障诊断与维修**：出现该故障时，如换回原来的内存一切恢复正常，将两条 2GB 的内存条插在其他电脑上使用也正常，最后把 CPU 的频率恢复到正常，再使用该内存条故障消除。造成该故障的原因是 CPU 超频使用，内存也跟着超电压，如果主板质量不佳，CPU 超频之后额外耗用了主板的电力资源，造成对内存的影响，导致出现死机的现象。

案例 5：CPU 超频导致黑屏

➢ **故障现象**：CPU 超频后开机无任何响应，屏幕一片漆黑，显示器进入节能模式，硬盘灯不闪烁。

➢ **故障诊断**：在排除硬件设备毁坏的情况下，该故障只可能是 CPU 超频造成的。

➢ **故障维修**：可以试着提高 CPU 的电压，如果不行就需要考虑更换一块超频能力较强的主板。对于这种情况，建议那些没有经验的用户尽量不要进行超频操作。如果的确有必要超频，应该在有经验人员的指导下进行，而且应事先确定电脑硬件是否支持超频。

可以从网上下载超频软件来控制 CPU 的超频，如"SoftFSB"、适用于英特尔 CPU 的"Intel Extreme Tuning Utility"、AMD 超频工具"AMD OverDrive"等，如图 8-13 所示。

对于各种硬件的超频能力和注意事项，不少知名硬件网站和论坛都有相关信息，读者可以上网查阅。

图 8-13 CPU 超频程序

案例 6：4GB 内存只显示 3.2GB

➤ **故障现象：** 主板上安装了 4 条 1GB 的内存，而在系统中却显示内存为 3.2GB。

➤ **故障诊断与排除：** 这是操作系统的原因，目前使用较为广泛的 32 位系统无法识别 4GB 内存，能够支持并使用 4GB 内存的操作系统首先是 64 位操作系统，按 64 位地址总线设计；其次是具有物理地址扩展功能，并且地址寄存器大于 32 位的服务器操作系统，但有些具备物理地址扩展功能的服务器操作系统由于地址寄存器限于 32 位，也不支持 4GB 的内存。

案例 7：内存条过热导致死机

➤ **故障现象：** 在使用电脑的过程中，系统经常出现"内存不可读"的错误提示信息，随后出现一串英文提示并死机。这种问题经常出现且没有规律，往往是电脑部件温度过高时出现的几率较大。

➤ **故障诊断与排除：** 因为系统已经出现提示"内存不可读"，所以先从内存上来寻找排除故障的方法。一般是由于内存条过热而导致系统工作不稳定，可以自己动手增加装机风扇，以加强机箱内部的空气流通；还可以通过给内存条加载铝制或铜制的散热片来解决故障。

案例 8：内存离风扇太近使系统死机

➤ **故障现象：** 为电脑更换了一个大功率的风扇，但是更换风扇后系统总是频繁死机，重新安装操作系统后还是不能解决该故障。

➤ **故障诊断与排除：** 当重新安装操作系统后，发现故障依然没有排除，可以确定是由于硬件原因引起的，具体维修方法如下：

（1）拆开机箱，检查主板上的元件是否有被烧损的现象，如果没有发现此类现象，则确定主板没有问题。

（2）出现这种现象可能是由于更换风扇造成的，所以重点应该放在风扇上。可以将风扇取下来换到其他电脑上进行测试，如果没有发现问题，则说明不是风扇自身的问题。

（3）将内存条拔下来，安装在离风扇较远的内存插槽上，此时故障消失，由此可以说明在安装内存条时应尽量与 CPU 部件保持一定的距离。

案例 9：系统经常弹出非法操作提示

➢ **故障现象**：系统运行一段时间后，经常弹出非法操作提示信息框。

➢ **故障诊断**：引发此故障的原因为内存接触不良、主板内存质量不佳或软件原因（如操作系统中毒、应用软件出现问题等）。

➢ **故障维修**：针对不同的故障产生的原因不同，采用不同的方法进行维修，具体如下：

（1）若是由于内存接触不良的原因所致，将内存条卸下来，然后清理干净内存上的灰尘或氧化物，最后重新安装好内存条即可排除故障。

（2）若故障是因内存质量不佳所致，更换质量好的内存条即可排除故障。

（3）如果是因为系统中毒的话，用杀毒软件查杀病毒即可排除故障。

（4）如果是因软件原因引发的故障，只需将软件重新安装一次即可排除故障。

案例 10：优化 BIOS 后，频繁出现"非法操作"的提示

➢ **故障现象**：在对 BIOS 进行优化后，频繁出现"非法操作"错误提示。

➢ **故障诊断与排除**：此故障应该是由于优化 BIOS 时设置不当引起的，具体解决方法如下：

（1）开机后按【Delete】键进入 BIOS 程序。

（2）选择"Advanced Chipset Features（芯片组特性设置）"选项，检查内存的设置项，发现"CAS Latencey Control"选项设置为 2。一般情况下，该项设置以 2.5 或 3 为宜。

（3）将"CAS Latencey Control"选项设置为 2.5，如图 8-14 所示。

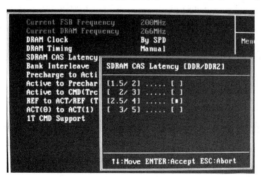

图 8-14　更改延迟时间

（4）重新启动电脑，故障即可排除。

CAS Latency 是"内存读写操作前列地址控制器的潜伏时间"，该参数对内存性能的影响最大，在保证系统稳定性的前提下，CAS 值越低，则会导致更快的内存读写操作。CL 值为 2 会获得最佳的性能，而 CL 值为 3 可以提高系统的稳定性。

案例 11：BIOS 中不显示硬盘参数

➢ **故障现象**：电脑启动后无法进入系统，进入 BIOS 中看不到显示硬盘的参数。

➢ **故障诊断与维修**：这种现象是主板检测不到硬盘，一般是由硬盘数据线或电源线

引起的，可以按照以下方法来解决故障：

（1）启动电脑，按照屏幕提示按【Delete】键进入 BIOS 设置程序，在 Main 界面下查看 SATA 选项是否显示硬盘参数。

（2）如果 SATA 参数值为 None，应先关闭电脑，将硬盘数据线电源线拔下重新安装，有条件的可更换一条新的数据线，然后启动电脑检测。

（3）如果经过上述操作故障依然存在，则可能是主板上的 CMOS 电池失效，需要更换电池。

案例 12：安装系统时无法复制文件

➢ **故障现象：**全新安装操作系统时，在复制文件阶段速度缓慢，而且总是报错，提示无法复制文件或文件不符。

➢ **故障诊断：**安装操作系统对硬件要求较高，如果某个硬件存在故障或不够稳定，在安装过程中就会出现问题。如果确认光驱和系统安装光盘没有故障后，可以判断为内存问题。

➢ **故障维修：**将内存拔下，用橡皮擦轻轻擦拭金手指后重新插上，即可顺利地安装操作系统。

案例 13：硬盘发出“咔”的声音

➢ **故障现象：**硬盘平时使用都很正常，噪音也很小，但开机、关机或从睡眠状态恢复时，都会听到“咔”的一声。

➢ **故障诊断与维修：**从故障现象来看，这个声音属于正常现象，因为现在硬盘的磁头都有自动校正归位的功能，当操作系统在关闭或开启时硬盘磁头会自动归位，这个声音就是校正磁头所发出的。

如果该响声一直持续不断，则可能是硬盘出现了坏道，可以运行磁盘扫描程序进行检测。如果系统提示发现有坏道，一般情况下可通过工具软件对硬盘进行扫描并修复坏道，甚至可以用低级格式化的方式来修复硬盘的坏道，清除引导区病毒等。

案例 14：硬盘出现逻辑坏道

➢ **故障现象：**使用 HDTune 检测硬盘出现坏道，读写数据的速度非常慢。

➢ **故障诊断与维修：**可以尝试使用 MHDD 程序修复硬盘坏道，它是一款顶级的硬盘实体扫描维护程序。比起一般的硬盘表层扫描，MHDD 有着较快的扫描速度，让使用者不再需要花费数个小时来除错，只需几十分钟，一个 80G 大小的硬盘就可以扫描完成，MHDD 还能帮助使用者修复坏道。

使用 MHDD 检测与修复硬盘坏道的具体操作方法如下：

Step 01 使用 U 盘急救盘进入 DOS 工具箱，在“主菜单”界面中选择“硬盘检测/MBR 工具”选项，并按【Enter】键确认，如图 8-15 所示。

Step 02 进入“硬盘检测/MBR”界面，选择“MHDD 硬盘坏道检测”选项，并按【Enter】键确认，如图 8-16 所示。

专家指导
Expert guidance

多半的硬盘坏道是由于硬盘表面磁化错误造成的，使用 HDDReg 硬盘再生器可以清除硬盘表面的物理坏道，不是隐藏，而是真正地修复坏道。在“硬盘检测/MBR”界面选择“HDDReg 硬盘再生器”选项，即可启动程序。

图 8-15　DOS 工具箱主菜单

图 8-16　"硬盘检测/MBR"界面

Step 03　进入"MHDD 中英菜单"界面，选择"MHDD 4.6 英文版"选项，并按【Enter】键确认，如图 8-17 所示。

Step 04　输入硬盘所在序号，在此输入 6 后按【Enter】键确认，如图 8-18 所示。

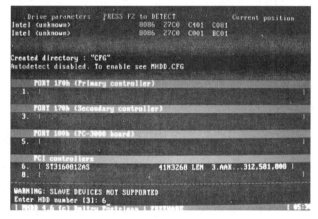

图 8-17　"MHDD 中英菜单"界面

图 8-18　输入硬盘序号

Step 05　按【F4】键，弹出扫描设置对话框，默认选择第一项，在此保持默认不变，如图 8-19 所示。

Step 06　再次按【F4】键，开始扫描磁盘，此时需耐心等待扫描完成，如图 8-20 所示。

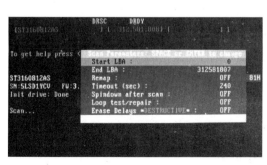

图 8-19　选择扫描方式

图 8-20　开始扫描硬盘

Step 07 扫描完成后，在右侧查看统计结果。输入 exit 命令，按【Enter】键确认退出程序即可，如图 8-21 所示。如果检测出的硬盘坏道过多，可以使用 Remap 或 Loop test/repair 模式来修复坏道。

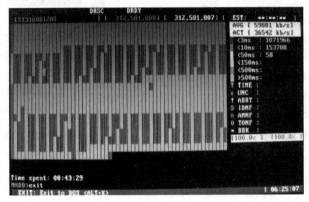

图 8-21　查看扫描结果

按 MHDD 扫描右侧从上向下数的顺序，从最上面黑色开始，就是从正常到异常，磁盘读写的速度由快变慢。一般出现黑色、浅灰色居多，偶尔出现灰色都是正常的范围之内。

- 黑色：正常区块。
- 灰色：正常区块。
- 浅灰色：没什么问题，就是读取数据读取到这个区块时，稍微多用一点儿时间（毫秒）。
- 绿色：硬盘读取数据到绿色时出现数据异常，问题不是太大，就是电脑可能会出现有些卡的情况。
- 褐色：和绿色相同。
- 红色：比绿色和褐色更严重，估计过不了多久，红色扇区就要产生坏道了。
- ？符号：读取错误，磁盘严重物理坏道，而且无法修复。
- X符号：已经有硬盘坏道了，马上隔离此扇区，或直接更换硬盘。
- ！符号：读取错误，磁盘严重物理坏道，而且无法修复。

在扫描过程中，可以使用方向键进行操作：【↑】快进 2%；【↓】后退 2%；【←】后退 0.1%；【→】快进 0.1%。

MHDD 各扫描模式的含义具体如下：

- Start LBA：被检测硬盘起始扇区（默认为 0）。
- End LBA：被检测硬盘结束扇区（默认为硬盘的最大扇区数值）。
- Remap：坏道重映射，打开这项功能后会把被检测硬盘中的坏扇区的物理地址写入硬盘的 GLIST 表，并从硬盘的保留区拿出同等容量的扇区来替代，所以使用该功能并不会造成硬盘总容量的减少，数据也不会丢失（前提是硬盘没有太多的坏道，100 以下），默认为 OFF 关闭状态。
- Time Out（sec）：检测超时时间，默认为 200ms，超过这个时间就是为坏扇区。
- Spindown After Scan：检测完成后关闭硬盘马达。
- Loop Test/Repaire：循环检测/修复，默认关闭状态。

- Erase Delays *DESTRUCT IVR*：删除等待，主要用于修复坏道（不能和 Remap 同时使用，修复效果要比 Remap 更为理想，尤其对 IBM 硬盘的坏道最为奏效，但要注意被修复的地方的数据是要被破坏的，因为它以 255 个扇区为单位低格）。

案例 15：不能正常读取文件

➢ **故障现象：**在读取某一文件或运行某一程序时，系统反复读盘，而且总是出错，有时要经过很长一段时间才能成功读取硬盘中的数据，同时硬盘会发出异样的杂音。

➢ **故障诊断与维修：**根据故障现象可以判断是硬盘中出现了坏道，使用 Windows 的磁盘扫描工具或其他磁盘工具对硬盘进行检查和修复即可。如果没有解决问题，则在备份重要数据后重新分区格式化。如果硬盘上出现的是物理坏道，可以尝试使用分区软件进行扫描，将坏道归为一个或几个分区，并隐藏起来。

项目小结

通过本项目的学习，读者应重点掌握以下知识：

（1）CPU 的工作主要分为四个阶段：提取（Fetch）、解码（Decode）、执行（Execute）和写回（Writeback）。

（2）一般情况下，如果电脑无法启动或是极不稳定，我们会从主板、内存等容易出现故障的配件入手进行排查。如果主板、内存、显卡、硬件等其他配件都没有问题，那么再检查 CPU 的问题。

（3）内存的工作原理就是系统所需要的指令和数据从外部存储器（如硬盘、光盘等）被调入内存，CPU 再从内存中读取指令或数据进行运算，起到一个中转站的作用。

（4）硬盘在运行时经常出现的故障种类主要包括：系统不认硬盘、CMOS 引起的故障、硬盘分区表被破坏和硬盘坏道。

项目习题

（1）在 BIOS 中查看 CPU 当前的温度，以及 CPU 风扇的转速。

（2）打开机箱盖，重新安装内存并除尘。

（3）使用 HDTune 检测硬盘坏道，若存在坏道，则使用 MHDD 修复硬盘坏道。

项目九　显卡与声卡常见故障诊断与维修

项目概述

　　显卡决定了电脑的成像，声卡决定了电脑的音效，显卡和声卡是电脑硬件中不易出现问题的设备。一旦出现问题，其问题主要集中在接口连接、金手指氧化、散热及驱动程序等方面。在本项目中，将详细讲解显卡与声卡常见故障的诊断与维修方法。

项目重点

- 显卡故障的分析与检修方法。
- 声卡故障的分析与检修方法。
- 显卡与声卡故障维修案例。

项目目标

- 了解显卡与声卡的工作原理。
- 熟悉显卡与声卡常见故障的现象。
- 掌握显卡与声卡常见故障的的检修方法。
- 熟悉显卡与声卡常见故障案例的维修方法。

任务一　显卡故障的分析与检修方法

任务概述

　　显卡是电脑中的主要板卡之一，它负责将 CPU 送来的信息进行处理，并输出到显示屏上形成影像。显卡出现故障时，常常会导致电脑黑屏、花屏、无法进入系统、出现乱码等故障。在本任务中，将详细介绍显卡常见故障的诊断及其维修方法。

任务重点与实施

一、认识显卡的分类与工作原理

　　电脑中显卡主要可分为三种类型：核芯显卡、集成显卡和独立显卡。

1．核芯显卡

核芯显卡就是指集成在 CPU 内部的显卡，通常称为核心显卡，如 Intel 酷睿 i3、i5、i7 系列处理器，以及 AMD APU 系列处理器中多数都集成了显卡。处理器架构这种设计上的整合大大缩减了处理核心、图形核心、内存及内存控制器之间的数据周转时间，有效提升处理效能，并大幅降低芯片组整体功耗，有助于缩小核心组件的尺寸，为笔记本、一体机等产品的设计提供了更大选择空间。

低功耗是核芯显卡的最主要优势，由于新的精简架构及整合设计，核芯显卡对整体能耗的控制更加优异，高效的处理性能大幅缩短了运算时间，进一步缩减了系统平台的能耗。高性能也是它的主要优势，核芯显卡拥有诸多优势技术，可以具备充足的图形处理能力，相较前一代产品其性能的提升十分明显。核芯显卡可支持 DX10/DX11、SM4.0、OpenGL2.0，以及全高清 Full HD MPEG2/H.264/VC-1 格式解码等技术，即将加入的性能动态调节更可以大幅提升核芯显卡的处理能力，令其完全满足普通用户的需求。

2．集成显卡

集成显卡是将显示芯片、显存及其相关电路都集成在主板上，与其融为一体的元件。集成显卡的显示芯片有单独的，但大部分都集成在主板的北桥芯片中。一些主板集成的显卡也在主板上单独安装了显存，但其容量较小，集成显卡的显示效果与处理性能相对较弱，不能对显卡进行硬件升级，但可以通过 CMOS 调节频率或刷入新 BIOS 文件实现软件升级来挖掘显示芯片的潜能。

集成显卡拥有功耗低、发热量小的优点，部分集成显卡的性能已经可以媲美入门级的独立显卡，所以不用花费额外的资金购买独立显卡。但集成显卡的性能相对独立显卡略低，且固化在主板上，本身无法更换，如果必须换，就只能换主板。

3．独立显卡

独立显卡是指将显示芯片、显存及其相关电路单独做在一块电路板上，自成一体而作为一块独立的板卡存在，它需占用主板的扩展插槽。

单独安装的显存一般不占用系统内存，在技术上也较集成显卡先进得多，容易进行显卡的硬件升级。但独立显卡的功耗和发热量较大，并且需单独另外购买。

数据（Data）一旦离开 CPU，必须通过四个步骤，最后才会到达显示屏，具体如下：

①从总线（Bus）进入 GPU：将 CPU 送来的数据送到北桥（主桥）再送到 GPU（图形处理器）里面进行处理。

②从显示芯片组（Video Chipset）进入显存（Video RAM）：将芯片处理完的数据送到显存。

③从显存进入 RAM DAC（随机读写存储数模转换器）：从显存读取出数据，再送到 RAM DAC 进行数据转换的工作（数字信号转模拟信号）。但若是 DVI 接口类型的显卡，则不需要经过数字信号转模拟信号，而直接输出数字信号。

④从 DAC 进入显示器（Monitor）：将转换完的模拟信号送到显示屏。

二、显卡的主要性能参数

衡量一个显卡好坏的方法除了使用测试软件进行测试之外，还可通过显卡的性能指标来检测，下面介绍显卡的重要参数。

1．显示芯片

显示芯片是显卡的核心芯片，它的主要任务就是处理系统输入的视频信息并进行构建、渲染等工作。目前主流显卡的显示芯片主要由 NVIDIA 和 AMD 两大厂商制造。

显卡的核心频率是指显示核心的工作频率，显卡的核心频率是指显示核心的工作频率，其工作频率在一定程度上可以反映出显示核心的性能，但显卡的性能是由核心频率、流处理器单元、显存频率、显存位宽等多方面的因素所决定的，因此在显示核心不同的情况下核心频率高并不代表显卡功能强劲。

2．显存类型

显存是主板上显卡上的关键核心部件之一，它的优劣和容量大小会直接关系到显卡的最终性能表现。可以这样说，显示芯片决定了显卡所能提供的功能和其基本性能，而显卡性能的发挥则很大程度上取决于显存。

目前，主流的显存类型包括 GDDR3 和 GDDR5。GDDR5 采用了 DDR3 的 8bit 预取技术，且使用了两条并行的 DQ 总线，从而实现双倍的接口带宽。双 DQ 总线使得 GDDR5 的针脚数从 GDDR3 的 136Ball 大幅增至 170Ball。GDDR5 显存拥有多达 16 个物理 Bank，这些 Bank 被分为四组，双 DQ 总线交叉控制四组 Bank，达到了实时读写操作，一举将数据传输率提升至 4GHz 以上。

3．显存容量

显存容量是显卡上本地显存的容量数，这是选择显卡的关键参数之一。显存容量的大小决定着显存临时存储数据的能力，在一定程度上也会影响显卡的性能。目前，主流显卡的显存容量均已达到了 1GB。

需要注意的是，显存容量越大并不一定意味着显卡的性能就越高，因为决定显卡性能的三要素首先是其所采用的显示芯片，其次是显存带宽（这取决于显存位宽和显存频率），最后才是显存容量。

4．显存频率

显存频率是指默认情况下，该显存在显卡上工作时的频率，以 MHz（兆赫兹）为单位。显存频率一定程度上反应着该显存的速度。GDDR5 显存是目前中高端显卡采用最为广泛的显存类型。不同显存能提供的显存频率也差异很大，中高端显卡显存频率主要有 1600MHz、1800MHz、3800MHz、4000MHz、5000MHz 等，甚至更高。

显存频率与显存时钟周期是相关的，二者成倒数关系，也就是显存频率=1÷显存时钟周期。显存时钟周期就是显存时钟脉冲的重复周期，它是衡量显存速度的重要指标。显存时钟周期数越小越好。

显存的时钟周期一般以 ns（纳秒）为单位，工作频率以 MHz 为单位。显存时钟周期跟工作频率一一对应，它们之间的关系为：工作频率=1÷时钟周期×1000。如果显存频率为 500MHz，那么它的时钟周期为 1÷500×1000=2ns。

5．显存位宽

显存位宽是显存在一个时钟周期内所能传送数据的位数，位数越大，则瞬间所能传输的数据量越大，这是显存的重要参数之一。

显存带宽=显存频率×显存位宽÷8，那么在显存频率相当的情况下，显存位宽将决定显存带宽的大小。同样显存频率为 500MHz 的 128 位和 256 位显存，它俩的显存带宽将分别为：128 位=500MHz×128÷8=8GB/s，而 256 位=500MHz×256÷8=16GB/s，是 128 位的 2 倍，可见显存位宽在显存数据中的重要性。显卡的显存是由一块块的显存芯片构成的，显存总位宽同样也是由显存颗粒的位宽组成，显存位宽=显存颗粒位宽×显存颗粒数。

显存颗粒上都标有相关厂家的内存编号，可以去网上查找其编号，就能了解其位宽，再乘以显存颗粒数，就能得到显卡的位宽。

三、显卡常见故障现象及其原因

显卡常见故障现象主要表现在以下几个方面：

● 开机无显示，有报警声。
● 系统不稳定，经常出现死机。
● 显示器花屏或黑屏。
● 屏幕出现异常杂点。
● 显示颜色不正常。

引起显卡故障的原因主要有以下方面：

（1）接触不良故障

显卡与显卡插槽接触不良，显卡插槽灰尘过多或显卡金手指部分氧化引起的接触不良。

（2）BIOS 设置不当

对显卡或系统进行了错误设置造成显卡故障，一般是 BIOS 设置错误。

（3）驱动程序故障

显示颜色不正常，或不能设置分辨率，是由显卡驱动程序引起的。

（4）显卡质量故障

显卡自身的质量问题，显卡上的某些电子元器件损坏引起的故障。

（5）显卡兼容性

这类故障多发生在电脑刚装机或进行升级以后，多见于显卡与主板、操作系统或某些软件程序出现兼容性问题。

（6）散热不良

随着显示频率的飞速提高，显卡发热量也大大提高，这些热量如果不能及时散发出去，就会影响显示芯片的正常工作，出现花屏或死机，甚至烧毁显卡。

（7）超频导致的故障

有的用户为了提高显卡性能，使用软件或 BIOS 超电压对显卡进行超频，不当的超频很容易造成显卡故障。

（8）显卡工作电压不稳定的故障

显卡在工作时没有达到其正常工作电压标准，过高或过低都会造成显示故障。

四、显卡故障维修分析与处理方法

显卡的维修思路是根据故障表现的现象来判定产生故障的原因，再根据原因来找到解决故障。一般都是先拔下显卡，观察金手指是否被氧化，元器件表面有无损坏；检查显卡的驱动程序；采用替换法来判定是否存在与主板不兼容等现象。

下面按照显卡故障的表现形式介绍其维修方法。

（1）显卡驱动程序突然丢失

此类故障主要是由于显卡本身的质量不好，或者显卡与主板不兼容，造成显卡温度过高后引起电脑死机。

➤ **解决办法**：更换显卡。

（2）开机无显示，有报警声

此类故障主要是由于显卡与主板有灰尘，或显卡的金手指被氧化造成接触不良，或者主板插槽有问题造成的。

➤ **解决办法**：清除内存条和主板的灰尘，并用橡皮擦拭金手指。

（3）颜色显示不正常

此类故障主要是由于显卡与显示器连接不当或者显卡损坏、显示器发生物理故障或被磁化造成的。

➤ **解决办法**：连接好显卡与显示器的信号线或更换显卡，针对显示器被磁化的可采取消磁的办法处理。

（4）显示器花屏

此类故障是由于显示器或显卡不支持高分辨率造成的。有时错误地安装了某个驱动程序也会造成此类故障。

➤ **解决办法**：重新设置系统分辨率为低分辨率或者卸载引起电脑花屏的程序。

（5）系统不稳定死机

此类故障是由于主板与显卡的不兼容或者接触不良引起的，也有可能是显卡与其他扩展卡不兼容。

任务二　声卡故障的分析与检修方法

任务概述

声卡是电脑实现多媒体效果的主要设备，一旦损坏会导致电脑没有声音。在本任务中，将介绍声卡的工作原理及检修方法。

任务重点与实施

一、认识声卡的分类与工作原理

声卡发展至今，主要分为板卡式、集成式和外置式三种接口类型，以适用不同用户的需求，三种类型的产品各有优缺点。

1. 板卡式

板卡式声卡是现今市场上的中坚力量，产品涵盖低、中、高各档次，售价从几十元至上千元不等。目前，板卡式声卡产品多为 PCI 接口，它们拥有更好的性能和兼容性，支持即插即用，安装和使用都很方便，如图 9-1 所示。板卡式声卡是由数字信号处理器（DSP）、I/O 控制器、数字信号编解码器（CODEC）及输入输出接口四部分组成的。

2. 集成式

集成声卡是指芯片组支持整合的声卡类型，比较常见的是 AC'97 和 HD Audio。使用集成声卡的芯片组的主板就可以在比较低的成本上实现声卡的完整功能，如图 9-2 所示。

图 9-1　板卡式声卡

图 9-2　Realtek ALC 系列音效芯片

AC'97 的全称是 Audio CODEC'97，这是一个音频电路系统标准，并不是一个实实在在的声卡种类。

HD Audio（High Definition Audio，高保真音频）是 Intel 与杜比（Dolby）公司合力推出的新一代音频规范。与 AC'97 相比，HD Audio 具有数据传输带宽大、音频回放精度高、支持多声道阵列麦克风音频输入、CPU 的占用率更低和底层驱动程序可以通用等特点，但并不能向下兼容 AC'97 标准。

AC'97 声卡在音效方面的能力一直比较欠缺，CODEC 自身并不支持多余的音效技术，而只能通过软件支持，依靠 CPU 运算。HD Audio 可在硬件上实现 Dolby Headphone、Dolby Virtual Speaker、Dolby ProLogic Ⅱ、Dolby ProLogic Ⅱx 和 Dolby Digital Live 功能，这样符合 HD Audio 标准的 CODEC 芯片便具备一定的音效处理能力。当然，具体的编码和解码运算还得由 CPU 负责完成，CODEC 只是提供一个输入/输出的接口而已，这对 CODEC 芯片不会造成什么负担，在技术上也易于实现。

3. 外置式

外置式声卡通过 USB 接口与电脑连接，具有使用方便、便于移动等优势。但这类产品主要应用于特殊环境，如连接笔记本实现更好的音质等，如图 9-3 所示。

图 9-3　外置式声卡

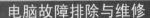

声卡的工作原理为：声卡从话筒中获取声音模拟信号，通过模数转换器（ADC）将声波振幅信号采样转换成一串数字信号，存储到电脑中。重放时这些数字信号送到数模转换器（DAC），以同样的采样速度还原为模拟波形，放大后送到扬声器发声，这一技术称为脉冲编码调制技术（PCM）。

二、声卡常见故障现象及其原因

声卡是电脑的主要部件之一，常见的故障现象主要有以下几个方面：

● 电脑不发声
● 播放时产生噪音
● 播放时声音很小
● 无法安装声卡驱动

声卡常见故障可分为接触不良故障、驱动程序安装错误故障、不兼容故障和声卡损坏等。下面将分别分析这几种故障产生的原因。

> **接触不良故障**

声卡与主板的扩展槽没有完全接触造成接触不良，或者音频线与声卡的连接线不正确，使声卡发生故障。

> **驱动程序安装错误故障**

驱动程序被损坏或与系统自带的驱动程序不兼容引起的故障，可采用厂家提供的驱动程序进行修复。

> **不兼容故障**

集成声卡与外接的独立声卡发生冲突，声卡与主板或者其他硬件不兼容造成声卡故障。

> **BIOS 设置或主板跳线设置错误**

BIOS 设置是否有错可以进入 BIOS 检查与声音有关的设置是否正确，检查 IPQ 的设置。

> **CPU 超频引起的故障**

CPU 超频后会使内置声卡也处于超频状态，从而导致声卡不能正常工作。

> **声卡损坏**

因频繁插拔或其他的磨损、压折导致声卡本身被损坏。

三、声卡的维修思路

声卡的维修一般都是从检查声卡的驱动程序开始，排除了驱动程序的故障后，再根据声卡不能发出声音查找原因。不发声的故障有时也是因为与主板等设备的不兼容引起的，或是 CMOS 中设置有误，可逐一进行排除，如图 9-4 所示为声卡维修流程图。

专家指导
Expert
guidance

AC'97 声卡主要由几个部分组成：音频处理主芯片、MIDI 电路、CODEC 数模转换芯片、功放输出芯片，其中前两者是主要的数字电路部分，功放输出部分则是纯模拟电路。

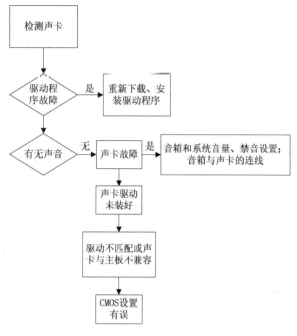

图 9-4 声卡维修流程图

任务三 显卡与声卡故障维修案例

任务概述

当出现显卡或声卡故障时，首先应该通过故障现象分析引起故障的原因，然后采取合适的思路进行维修操作。在本任务中将介绍几种典型的显卡与声卡故障维修案例，如无法安装驱动程序、电脑黑屏、系统无声等。

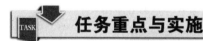

任务重点与实施

案例 1：安装显卡驱动时提示"安装软件包故障"

➢ **故障现象：** 在安装 AMD 显卡驱动时弹出错误提示信息框，提示"安装软件包故障"。

➢ **故障诊断与维修：** 出现此故障一般并非是驱动安装包故障，而是系统环境导致的，一般 Ghost 系统或新装系统常常会出现此提示。此故障的解决方法如下：

①安装系统补丁。

②安装 Microsoft Visual C++、Microsoft .NET Framework 等系统相关组件。

③重启电脑，重新安装显卡驱动程序。

用户可以从微软官网上下载并安装 Microsoft Visual C++或 NET Framework。NET Framework 4 是支持生成和运行下一代应用程序和 XML Web Services 的内部 Windows 组

件,很多基于此架构的程序需要它的支持才能运行。Microsoft Visual C++,简称 Visual C++、MSVC、VC++或 VC,是 Microsoft 公司推出的开发 Win32 环境程序,面向对象的可视化集成编程系统。它不但具有程序框架自动生成、灵活方便的类管理、代码编写和界面设计集成交互操作、可开发多种程序等优点,而且通过简单的设置就可使其生成的程序框架支持数据库接口、OLE2、WinSock 网络、3D 控制界面。

案例 2:出现"kdbsync.exe 已停止工作"的提示信息框

➤ **故障现象:** 电脑开机后出现"kdbsync.exe 已停止工作"的提示信息框,如图 9-5 所示。

➤ **故障分析:** 这是 AMD 驱动组件中的加速视频转码技术(Acceleated Video Trancoding)与某些软件冲突所导致的。

➤ **故障维修:** 在控制面板中卸载 AMD Catalyst Install Manager,注意在卸载时选择"卸载所有组件",卸载完成后重启电脑。然后重新安装 AMD 显卡驱动,在安装时选择"自定义安装",并取消选择 AMD Acceleated Video Transcoding 复选框即可,如图 9-6 所示。

图 9-5 提示信息框

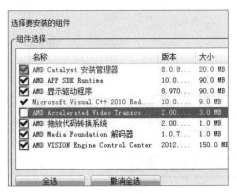

图 9-6 选择安装组件

案例 3:提示"驱动程序已停止响应,并且已恢复"

➤ **故障现象:** 显示器屏幕突然黑屏一下然后恢复正常,并在任务栏右侧的通知区域中提示"显示器驱动程序已停止响应,并且已恢复",如图 9-7 所示。

图 9-7 通知区域提示信息

➤ **故障分析:** 出现此故障的原因有以下两个方面:

①硬件问题。显卡的显存颗粒质量存在瑕疵,还有显卡本身设计方面有 BUG。

②显卡驱动问题。因为没有安装或没有正确安装显卡驱动,有部分集成显卡的电脑在安装 Windows 7 系统后没有安装集成显卡驱动,或者主板芯片组驱动虽然也能正常显示 Aero 特效,但经常会出现这个问题。

➤ **故障维修：** 此故障的排除方法如下：

①检查显卡本身是否存在问题。

②重新安装显卡驱动。可使用驱动精灵安装显卡驱动，并尝试选择不同的驱动版本，如图 9-8 所示。

③尝试关闭 Aero 特效。打开"个性化"窗口，选择 Windows 7 Basic 主题即可，如图 9-9 所示。

图 9-8　驱动精灵程序　　　　　　　　　　图 9-9　"个性化"窗口

④关闭 Windows 7 中的超时检测和恢复（TDR）。TDR 是微软为了解决显卡挂起导致系统死机的问题而开发的，关闭它有利也有弊。

关闭 TDR 的具体操作方法如下：

Step 01 打开注册表编辑器，在左窗格中展开 HKEY_LOCAL_MACHINE\SYSTEM\Current ControlSet\Control\GraphicsDrivers 子键，在右窗格中右击，在弹出的快捷菜单中选择"新建" | "DWORD 值"命令，如图 9-10 所示。

Step 02 将新建的键值项重命名为 TdrLevelOff，并设置其键值项为 0，如图 9-11 所示。

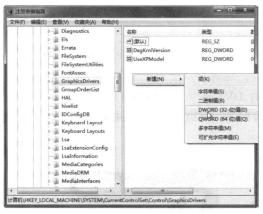

图 9-10　新建键值项　　　　　　　　　　图 9-11　编辑键值项

案例 4：显卡金手指被氧化导致电脑黑屏

➤ **故障现象：** 电脑开机时显示黑屏，并发出一长两短报警声，重新启动电脑后故障依旧。

➤ **故障分析与维修**：出现此故障可能是由于显卡与主板接触不良，或是显卡金手指被氧化引起的，具体维修方法如下：

①查看显卡与显示器是否出现问题，发现一切正常。

②拆开主机箱，用插拔法将显卡、内存及硬盘重新插一遍，故障仍旧存在。

③用主板诊断法进行测试，此时提示显卡出现错误。

④拔下显卡仔细观察，发现显卡金手指已失去光泽并呈暗褐色，很明显是金手指被氧化所导致的故障。

⑤使用橡皮将显卡金手指擦拭干净，然后重新插好，启动电脑，故障排除。

案例 5：显卡散热不良引起花屏

➤ **故障现象**：电脑在使用一段时间后出现字符混乱，查看图形则出现花屏。

➤ **故障诊断与维修**：该故障可能是显卡的原因，可用一款显卡替换进行检查，替换后显示正常，则花屏现象的原因是显卡有问题。重新换回原来的显卡，当出现字符混乱时，用手触摸显卡的主控芯片，检查芯片温度是否过高。如果显卡的主芯片温度很高，说明是由于散热不良而导致电脑无法正常工作。对于该情况，可试着在显卡上加一块散热片或散热风扇即可排除故障。

案例 6：驱动程序自动丢失

➤ **故障现象**：刚安装完显卡驱动程序的一台电脑经常出现运行一段时间后驱动程序自动丢失的情况，需要再次重新安装。

➤ **故障诊断**：该故障一般是由于显卡质量不好或显卡与主板不兼容，致使显卡温度太高，从而导致系统运行不稳定或出现死机。

➤ **故障维修**：此类故障的解决方法只能是更换显卡。

案例 7：显卡 VGA 接口出现问题

➤ **故障现象**：显示器颜色不正常，重新插拔显卡 VGA 接口的信号线，能正常显示，但后来又出现故障，重新插拔信号线也没用。

➤ **故障诊断与维修**：使用替换法测试显示器和信号线是否存在问题，发现显示器和信号线一切正常，判断为显卡的 VGA 接口出现了问题。通过查看发现显卡配有 DVI 数字接口而显示器只有 VGA 接口，这时可以使用一个 VGA 转 DVI 接头，将显示器接头进行转换后连接在显卡的 DVI 接口上来解决该问题，如图 9-12 所示。当然，还可以直接使用一个根 DVI-I 转 VGA 的视频线来连接显示器，如图 9-13 所示。

图 9-12　DVI-I 转 VGA 接头

图 9-13　DVI-I 转 VGA 视频线

案例 8：系统没有声音

➢ **故障现象：**登录系统后，发现电脑没有声音。

➢ **故障分析与维修：**出现该故障可能是由于以下原因引起的：

- 声卡音量静音
- 声卡驱动设置
- 声卡设备被禁用
- 音频服务关闭

下面诊断这些故障原因，并逐一介绍其解决方法：

（1）声卡音量静音

单击任务栏右侧的扬声器图标，在弹出的面板中单击"取消静音"按钮即可。

（2）声卡驱动设置问题

出现声卡驱动设置问题时，可以先将声卡驱动卸载，然后重新安装驱动程序，具体操作方法如下：

Step 01 打开"设备管理器"窗口，选择声卡设备，在工具栏中单击"卸载"按钮，如图 9-14 所示。

Step 02 弹出"确认设备卸载"对话框，选中"删除此设备的驱动程序软件"复选框，单击"确定"按钮，然后重启电脑即可卸载声卡驱动，如图 9-15 所示。卸载完成后，重新下载正确版本的声卡驱动并安装即可，在此不再赘述。

图 9-14　"设备管理器"窗口　　　　　　　图 9-15　卸载声卡驱动

（3）声卡设备被禁用

声卡设备若被禁用，可在"设备管理器"窗口中将其重新启用，具体操作方法如下：

打开"设备管理器"窗口，选择声卡设备，在工具栏中单击"启用"按钮即可，如图 9-16 所示。也可双击声卡设备，在弹出的对话框中单击"启用设备"按钮，如图 9-17 所示。

专家指导
Expert
guidance
➡

　　若用户安装声卡驱动后声卡还是无法使用，则可能是驱动程序不兼容或与旧版本的声卡驱动发生冲突引起的。可以尝试多下载几个版本的声卡驱动安装，在安装前先将旧版本的声卡驱动删除。

电脑故障排除与维修

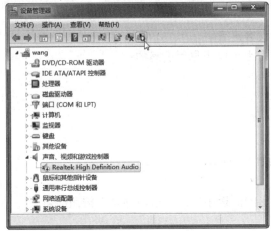

图 9-16 "设备管理器"窗口

图 9-17 声卡设备属性对话框

（4）音频服务关闭

对于音频服务被关闭的电脑无声故障，只需重新启用该服务即可，具体操作方法如下：

Step 01 在桌面上右击"计算机"图标，在弹出的快捷菜单中选择"管理"命令，如图 9-18 所示。

Step 02 打开"计算机管理"窗口，在左窗格中选择"服务"选项，在右窗格中选择 Windows Audio 服务，然后在工具栏中单击"启动"按钮即可，如图 9-19 所示。

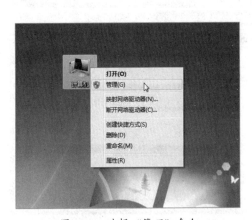

图 9-18 选择"管理"命令

图 9-19 "计算机管理"窗口

案例9：板载声卡不发声

➢ **故障现象：**电脑主板集成声卡，重装系统后没有声卡设备提示。

➢ **故障诊断：**出现此故障是 BIOS 中禁用声卡造成的。

➢ **故障维修：**启动电脑后，按【Delete】键进入 BIOS 菜单，进入高级设置界面，然后进入 Onboard Device Configuration 界面，声卡设备设置为 Enabled，如图 15-20 所示。若依然无声可设置使用 AC'97 声卡，进入 South Bridge Chipset Configuration 界面，在 Front Panel Support Type 设置为 AC'97，如图 15-21 所示。

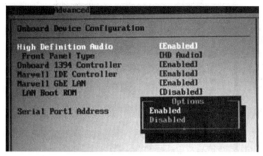

图 9-20　设置声卡设备

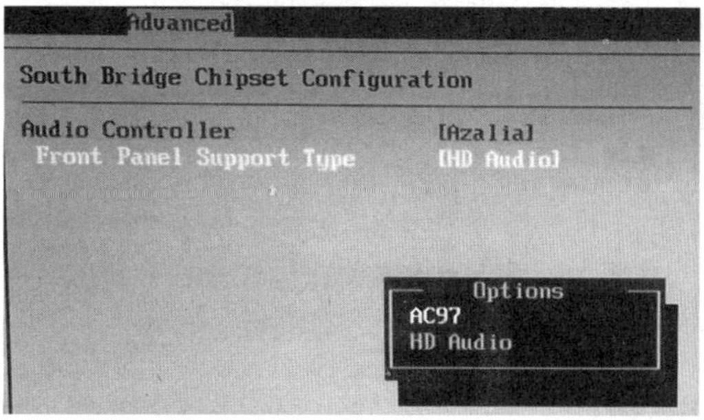

图 9-21　设置使用 AC'97 声卡

案例 10：安装不上声卡驱动

➤ **故障现象：** 声卡驱动安装错误，设备管理器中显示声卡设备为 "High Definition Audio 设备"。

➤ **故障分析与维修：** 此故障是由于声卡驱动安装不正确所导致的。在正常情况下，"设备管理器" 窗口中的声卡设备名称中会有 Realtek、VIA、IDT、SoundMAX 等声卡品牌名称，用户只需重新安装声卡驱动即可。若无法自动安装驱动，可设置手动安装。若安装不上显卡驱动，同样可进行手动安装，具体操作方法如下：

Step 01 打开 "程序和功能" 窗口，从中卸载安装的声卡驱动，如图 9-22 所示。

Step 02 从网上下载声卡驱动的安装程序并解压，右击程序，在弹出的快捷菜单中选择所需的解压缩命令，如图 9-23 所示。

图 9-22　"程序和功能" 窗口

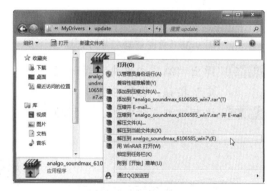

图 9-23　解压声卡驱动

Step 03 解压完成后，打开解压后的文件夹，可以看到其中所包含的驱动文件，如图 9-24 所示。

Step 04 打开 "设备管理器" 窗口，右击声卡设备，在弹出的快捷菜单中选择 "更新驱动程序软件" 命令，如图 9-25 所示。

图 9-24　查看驱动文件

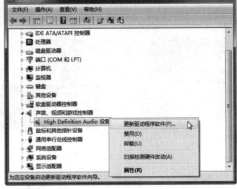

图 9-25　"设备管理器"窗口

Step 05 在弹出的对话框中选择"浏览计算机以查找驱动程序软件"选项，如图 9-26 所示。

Step 06 进入"浏览计算机上的驱动程序文件"对话框，单击"浏览"按钮，如图 9-27 所示。

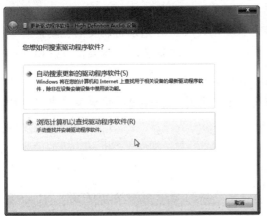

图 9-26　更新驱动程序对话框

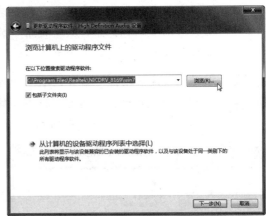

图 9-27　单击"浏览"按钮

Step 07 弹出"浏览文件夹"对话框，从中选择前面所解压的驱动文件夹，然后单击"确定"按钮，如图 9-28 所示。

Step 08 返回"浏览计算机上的驱动程序文件"对话框，单击"下一步"按钮，如图 9-29 所示。

图 9-28　"浏览文件夹"窗口

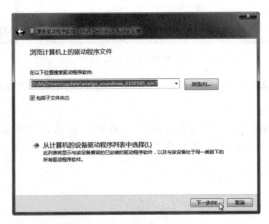

图 9-29　继续操作

Step 09 此时即可开始安装驱动程序，如图 9-30 所示。

Step 10 驱动程序安装完成，单击"关闭"按钮，如图 9-31 所示。

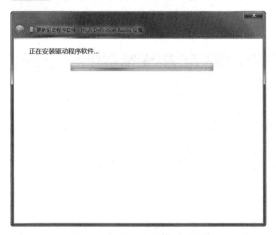

图 9-30　开始安装声卡驱动　　　　　　　　　图 9-31　声卡驱动安装完成

案例 11：玩游戏时出现爆音

➤ **故障现象：** 在玩游戏时，声音出现爆音。

➤ **故障分析与维修：** 此问题的根源是 Multimedia Class Scheduler（MMCSS）这个服务，在进程中是 svchost.exe，这个服务是管理任务优先级的，主要针对多媒体。优先级高了对于低配置的电脑来说不是好事，那样会加重 CPU 负担，加上游戏时本身就耗用大量的 CPU 资源造成声卡爆音。

只要把这个服务关掉就行了，不过关掉它也必须关掉 Windows Audio 服务，这样电脑就会发不出声音。此时，可将 Multimedia Class Scheduler 服务与 Windows Audio 服务解除关联，具体操作方法如下：

Step 01 打开注册表编辑器，在左窗格中展开子键 HKEY_LOCAL_MACHINE\SYSTEM\CurrentControlSet\services\Audiosrv，在右窗格中双击 DependOnService 键值项，如图 9-32 所示。

Step 02 弹出"编辑多字符串"对话框，在"数值数据"列表中选中 MMCSS 选项并将其删除，然后重启电脑，如图 9-33 所示。

图 9-32　"注册表编辑器"窗口　　　　　　　　图 9-33　"编辑多字符串"对话框

Step 03 按【Win+R】组合键，弹出"运行"对话框，输入 msconfig 命令，然后单击"确定"按钮，如图 9-34 所示。

Step 04 弹出"系统配置"对话框，选择"服务"选项卡，取消选择 Multimedia Class Scheduler 服务复选框，然后单击"确定"按钮，如图 9-35 所示。

图 9-34 "运行"对话框

图 9-35 "系统配置"对话框

案例 12：麦克风声音较小

➤ **故障现象**：使用麦克风录音时，声音较小。

➤ **故障维修**：可以采用以下方法来提高麦克风音量：

Step 01 在任务栏的通知区域右击扬声器图标，在弹出的快捷菜单中选择"录音设备"命令，如图 9-36 所示。

Step 02 弹出"声音"对话框，选择"录制"选项卡，双击"麦克风"设备，如图 9-37 所示。

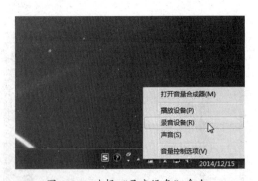

图 9-36 选择"录音设备"命令

图 9-37 "声音"对话框

Step 03 弹出"麦克风属性"对话框，选择"级别"选项卡，从中调整"麦克风加强"为 10dB，如图 9-38 所示。注意，10dB 的麦克风加强已经足够了，再大将出现噪音。

Step 04 选择"增强"选项卡，选中"禁用所有声音效果"复选框，然后单击"确定"按钮，如图 9-39 所示。

图 9-38 "麦克风 属性"对话框

图 9-39 禁用声音效果

案例 13：耳机的左右音量不同

> **故障现象：** 使用耳机在电脑上听歌，左耳塞和右耳塞的音量大小不同。

> **故障分析与维修：** 可以先将耳机插到一个正常使用的电脑或播放设备上收听，若左右耳塞音量不同，则说明耳机存在故障；若左右耳塞音量相同，则说明是原电脑的音频设置问题。可以通过以下方法解决故障：

Step 01 打开"声音"对话框，在"播放"选项卡下双击耳机设备，如图 9-40 所示。

Step 02 在弹出的对话框中选择"级别"选项卡，单击"平衡"按钮，如图 9-41 所示。

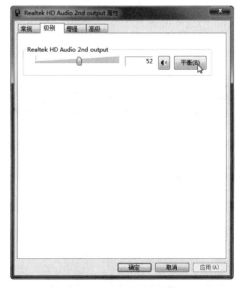

图 9-40 "声音"对话框

图 9-41 "级别"选项卡

Step 03 弹出"平衡"对话框，从中将 1、2 数值调整一致。若是由于耳机故障，在此也可以将声音较大的耳塞音量调小，如图 9-42 所示。

图 9-42 "平衡"对话框

案例 14：系统的声音忽大忽小

➤ **故障现象：**使用 Windows 7 系统边听歌边聊天，一旦有聊天的提示信息声音出现，歌曲声音的音量就会突然变小。

➤ **故障诊断与维修：**这是 Windows 7 系统的一项声音自动调整功能，当系统检查到网络通信活动时，就会自动降低其他所有声音的音量。若不需要声音变小，只需将该项功能关闭即可，具体操作方法如下：

Step 01 打开"控制面板"窗口，并将其切换为"大图标"查看方式，单击"声音"超链接，如图 9-43 所示。

Step 02 弹出"声音"对话框，选择"通信"选项卡，选中"不执行任何操作"单选按钮，然后单击"确定"按钮，如图 9-44 所示。

图 9-43 "所有控制面板项"窗口

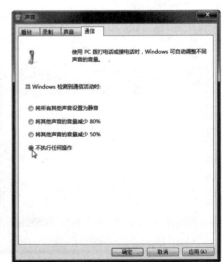

图 9-44 "声音"对话框

项目小结

通过本项目的学习，读者应重点掌握以下知识：

（1）显卡出现故障时常常会导致电脑黑屏、花屏、无法进入系统、出现乱码等故障。

（2）电脑中显卡主要可范围三种类型：核芯显卡、集成显卡和独立显卡。

（3）显卡的维修思路是根据故障表现的现象来判定产生故障的原因，再根据原因来找到解决故障。一般都是先拔下显卡，观察金手指是否被氧化，元器件表面有无损坏；检查显卡的驱动程序；采用替换法来判定是否存在与主板不兼容等现象。

（4）声卡常见故障可分为接触不良故障、驱动程序安装错误故障、不兼容故障和声卡损坏等故障。

（5）声卡的维修一般都是从检查声卡的驱动程序开始，排除了驱动程序的故障后，再根据声卡不能发出声音查找原因。

项目习题

（1）判断电脑中的显卡和声卡属于哪一种类型。

（2）查看电脑中显卡和声卡的具体型号。

（3）在 BIOS 中查看声卡和显卡设备。

项目十　系统优化与安全防护

项目概述

　　操作系统刚安装好后，电脑运行起来是非常流畅的。但往往使用一段时间后，电脑运行速度会变慢，甚至出现系统错误。这是由于过多的磁盘碎片、垃圾文件、错误的参数设置、恶意程序或木马病毒造成的，这时就需要对操作系统进行优化和安全性设置。在本项目中，将详细介绍这些知识，以使电脑能够快速、稳定地运行。

项目重点

- 设置虚拟内存。
- 加快开机速度。
- 整理磁盘碎片。
- 使用系统维护软件清理系统垃圾及加速系统。
- 使用系统维护软件进行系统安全和网络安全设置。
- 使用杀毒软件查杀电脑病毒。

项目目标

- 掌握优化系统性能的方法。
- 能够使用系统维护软件对系统进行优化与安全设置。
- 掌握查杀电脑病毒的方法。

任务一　优化系统性能

任务概述

　　对操作系统进行优化设置可以有效地提高系统的运行速度，使电脑更好地为用户服务。在本任务中，将详细讲解常用的系统优化措施，如增加虚拟内存、加快开机速度、整理磁盘碎片、清除没用的 DLL 文件、禁用不需要的服务、使用 ReadyBoost 功能提高系统性能、使用优化软件优化系统等。

任务重点与实施

一、设置虚拟内存

电脑中运行程序均需要经由内存执行，若执行的程序占用内存很大或很多时，就会导致内存消耗殆尽，系统运行会越来越慢。这时可以设置一部分硬盘空间来充当内存使用，当内存耗尽时，电脑就会自动调用这部分硬盘空间来充当内存，以缓解内存紧张的问题，从而提高系统的运行速度。

1. 增大虚拟内存

下面将介绍如何手动增大电脑的虚拟内存，具体操作方法如下：

Step 01 在桌面上右击"计算机"图标，在弹出的快捷菜单中选择"属性"命令，如图 10-1 所示。

Step 02 打开"系统"窗口，在左侧单击"高级系统设置"超链接，如图 10-2 所示。

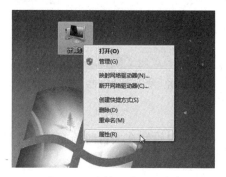
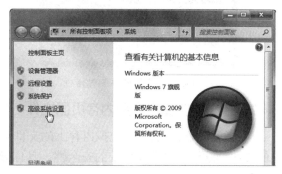

图 10-1　选择"属性"命令　　　　　　　图 10-2　"系统"窗口

Step 03 弹出"系统属性"对话框，选择"高级"选项卡，在"性能"选项区中单击"设置"按钮，如图 10-3 所示。

Step 04 弹出"性能选项"对话框，选择"高级"选项卡，单击"更改"按钮，如图 10-4 所示。

图 10-3　"系统属性"对话框　　　　　　图 10-4　"性能选项"对话框

Step 05 弹出"虚拟内存"对话框，取消选择"自动管理所有驱动器的分页文件大小"复选框，选择要设置虚拟内存的驱动器，选中"自定义大小"单选按钮，输入虚拟内存的初始大小和最大值，然后单击"设置"按钮，如图 10-5 所示。

Step 06 此时就可在所选的驱动器中设置虚拟内存大小，单击"确定"按钮，弹出"系统属性"提示信息框，单击"确定"按钮重启电脑即可，如图 10-6 所示。

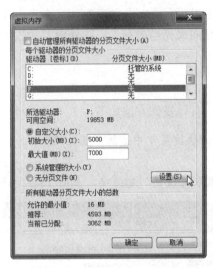

图 10-5 "虚拟内存"对话框

图 10-6 确认重启电脑

2. 在关机时清空虚拟内存页面文件

当系统关机时，保存在虚拟内存上的文件还会存在，可以设置在关机时清空虚拟内存中的文件，这样可以增加系统的安全性。具体操作方法如下：

Step 01 打开"所有控制面板项"窗口，单击"管理工具"超链接，如图 10-7 所示。

Step 02 打开"管理工具"窗口，双击"本地安全策略"图标，如图 10-8 所示。

图 10-7 "所有控制面板项"窗口

图 10-8 "管理工具"窗口

Step 03 打开"本地安全策略"窗口，在左窗格中展开"本地策略"|"安全选项"选项，在右窗格中双击"关机: 清除虚拟内存页面文件"策略，如图 10-9 所示。

Step 04 弹出策略属性对话框，选中"已启用"单选按钮，然后单击"确定"按钮，即可启用该策略，如图 10-10 所示。

图 10-9　"本地安全策略"窗口　　　　　　图 10-10　策略属性对话框

二、加快开机速度

当系统中安装了多个应用软件（如"腾讯 QQ""暴风影音""驱动精灵"等）后，在电脑开机时有的程序会自动启动，从而延长了开机时间。用户可以根据需要禁止这些程序开机运行，加快电脑开机速度，具体操作方法如下：

Step 01 按【Win+R】组合键，弹出"运行"对话框，输入 msconfig 命令，然后单击"确定"按钮，如图 10-11 所示。

Step 02 弹出"系统配置"对话框，选择"启动"选项卡，取消选择不需要的启动项目，单击"确定"按钮即可，如图 10-12 所示。

图 10-11　"运行"对话框　　　　　　图 10-12　"系统配置"对话框

三、整理磁盘碎片

电脑磁盘上保存了大量的文件，这些文件并非保存在一个连续的磁盘空间上，而是把一个个文件分散地放在多个地方，这些零散的文件被称作"磁盘碎片"。磁盘碎片会降低电脑的性能，通过磁盘碎片整理则可以重新排列碎片数据，以使磁盘和驱动器能够更有效地工作。整理磁盘碎片的具体操作方法如下：

Step 01 在"计算机"窗口中选择任一磁盘，然后按【Alt+Enter】组合键打开磁盘属性对话框，选择"工具"选项卡，单击"立即进行碎片整理"按钮，如图 10-13 所示。

Step 02 打开"磁盘碎片整理程序"窗口，选择要整理的磁盘驱动器，然后单击"分析磁盘"按钮，如图 10-14 所示。

图 10-13　磁盘属性对话框

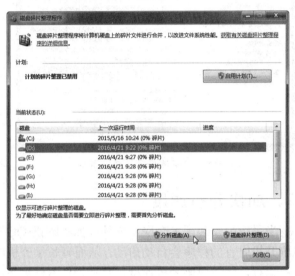

图 10-14　"磁盘碎片整理程序"窗口

Step 03 此时开始分析所选的磁盘，并显示分析的进度，如图 10-15 所示。

Step 04 分析磁盘完成后，将显示碎片数量，单击"磁盘碎片整理"按钮，如图 10-16 所示。

图 10-15　分析磁盘

图 10-16　显示碎片数量

Step 05 开始进行磁盘碎片整理，这时需要耐心等待，如图 10-17 所示。

Step 06 磁盘碎片整理完成后，显示当前磁盘的碎片量为 0%，如图 10-18 所示。

图 10-17　开始整理磁盘碎片　　　　　　图 10-18　完成磁盘碎片整理

四、清除没用的 DLL 文件

在 Windows 系统中每运行一个程序，系统资源就会减少一部分。有的程序会消耗大量的系统资源，即使把资源关闭，在内存中还是运行着一些没用的 DLL 文件，这样就会使系统的运行速度下降，从而出现系统资源严重不足的现象。

通过修改注册表键值的方法可以使关闭软件后自动清除内存中没用的 DLL 文件，及时收回消耗的系统资源，具体操作方法如下：

Step 01 按【Windows+R】组合键，打开"运行"对话框，输入 regedit 命令，然后单击"确定"按钮，如图 10-19 所示。

Step 02 打开"注册表编辑器"窗口，在左窗格中依次展开 HKEY_LOCAL_MACHINE\SOFTWARE\Microsoft\Windows\CurrentVersion\Explorer 子键，在右窗格的空白位置右击，选择"新建"|"字符串值"命令，如图 10-20 所示。

图 10-19　"运行"对话框

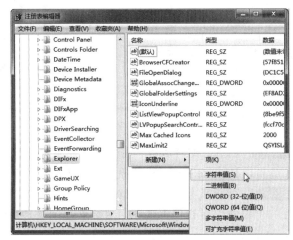

图 10-20　"注册表编辑器"窗口

Step 03 此时将新建一个键值项，将其重命名为 AlwaysUnloadDII，如图 10-21 所示。

Step 04 双击该键值项，在弹出的对话框中设置"数值数据"为 1，单击"确定"按钮，然后重启电脑使设置生效，如图 10-22 所示。

图 10-21　重命名键值项　　　　　　　　　　图 10-22　设置数值数据

五、禁用不需要的服务

Windows 7 系统启动后会启动很多服务，这些服务中有很多是一般用户用不到的，而且服务开着还很占用系统资源，可以将其禁用，具体操作方法如下：

Step 01 打开"控制面板所有项"窗口，单击"管理工具"超链接，如图 10-23 所示。

Step 02 打开"管理工具"窗口，双击"组件服务"图标，如图 10-24 所示。

图 10-23　"控制面板所有项"窗口　　　　　　图 10-24　"管理工具"窗口

Step 03 打开"组件服务"窗口，在左窗格中选择"服务（本地）"选项，在右窗格中双击 Remote Registry 服务，如图 10-25 所示。

Step 04 弹出服务属性对话框，在"启动类型"下拉列表中选择"禁用"选项，单击"停止"按钮停止服务，然后单击"确定"按钮，如图 10-26 所示。

专家指导
Expert
guidance

　　服务是一种在系统后台运行无需用户界面的应用程序类型，服务提供核心操作系统功能。在"运行"对话框中运行 msconfig 命令，打开"系统配置"对话框，在"服务"选项卡下也可禁用或开启服务。

图 10-25 "组件服务"窗口　　　　　　图 10-26 服务属性对话框

Remote Registry 服务的作用是允许远程用户修改本机的注册表，可以参照同样的方法禁用以下服务：

- Secondary Logon： 启用替换凭据下的启用进程。
- SSDP Discovery： 启动家庭网络上的 UPNP 设备。
- IPsec Policy Agent： 使用和管理 IP 安全策略。
- IP Helper： 如果用户的网络协议不是 IPv6，建议关闭此服务。
- System Event Notifiaction Service： 记录系统事件。
- Print Spooler： 如果不使用打印机，建议关闭此服务。
- Windows Image Acquisition（WIA）： 如果不使用扫描仪和数码相机，建议关闭此服务。
- Windows Error Reporting Service： 当系统发生错误时，提交错误报告给微软。

六、使用 ReadyBoost 功能提高系统性能

Windows 7 操作系统中的 ReadyBoost 功能就是利用 USB 接口的闪存盘为系统建立一个类似虚拟内存的缓冲区作为辅助内存，将部分经常读写的数据通过 ReadyBoost 转移到闪存盘中。读取数据从闪存盘中进行，从而提高系统性能。

要使用 ReadyBoost 功能，需要准备一个标准的 U 盘或闪存盘并插入主机的 USB 接口，并且需要开启系统的 Superfetch 服务，具体操作方法如下：

Step 01 打开"运行"对话框，输入 services. msc 命令，然后单击"确定"按钮，如图 10-27 所示。

Step 02 打开"服务"窗口，双击 Superfetch 服务，如图 10-28 所示。

专家指导
Expert guidance 　　在某些情况下，可能无法使用设备上的所有内存来提高计算机速度。例如，某些闪存设备同时包含慢速闪存和快速闪存，但 ReadyBoost 只能使用快速闪存来提高计算机速度。

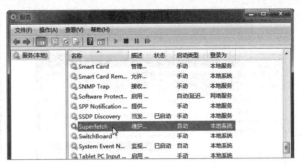

图 10-27 "运行"对话框   图 10-28 "服务"窗口

Step 03 弹出服务属性对话框，在"启动类型"下拉列表中选择"自动"选项，单击"启动"按钮，然后单击"确定"按钮，如图 10-29 所示。

Step 04 打开"计算机"窗口，右击 U 盘盘符，选择"属性"命令，如图 10-30 所示。

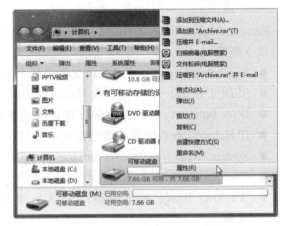

图 10-29 启动服务   图 10-30 选择"属性"命令

Step 05 弹出"可移动磁盘属性"对话框，选择 ReadyBoost 选项卡，选中"使用这个设备"单选按钮，调整用于优化性能的空间大小，然后单击"确定"按钮即可，如图 10-31 所示。

图 10-31 "可移动磁盘属性"对话框

七、使用系统维护软件优化系统

"软媒魔方"是一款集成众多应用的系统增强软件,功能全面覆盖 Windows 系统优化、设置、清理、美化、安全、维护、修复、备份还原、文件处理、磁盘整理、系统软硬件信息查询、进程管理和服务管理等。下面将介绍如何使用"软媒魔方"优化系统。

1. 清理系统文件

使用"软媒魔方"可以深度清理系统冗余垃圾,拥有系统瘦身、注册表清理、隐私清理、重复文件清理等诸多电脑清理功能。其操作方法非常简单,下面以清理系统垃圾为例进行介绍,具体操作方法如下:

Step 01 启动"软媒魔方",并切换为"专业模式",如图 10-32 所示。

Step 02 在右侧应用列表中单击"清理大师"按钮,如图 10-33 所示。

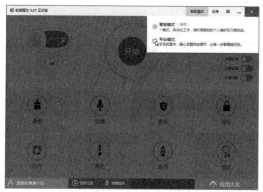

图 10-32　切换为专业模式

图 10-33　单击"清理大师"按钮

Step 03 打开"软媒清理大师"窗口,在上方单击"一键清理"按钮,从中可以清理系统垃圾、缓存垃圾等文件。在列表中选中要清理的垃圾文件类型,然后单击"开始扫描"按钮,如图 10-34 所示。

Step 04 等待程序扫描完成,单击"清理"按钮即可,如图 10-35 所示。

图 10-34　"一键清理"界面

图 10-35　单击"清理"按钮

2. 一键加速系统

使用软媒优化大师可以一键优化系统开机速度以及系统和网络速度,操作方法如下:

Step 01 在软媒魔方右侧的应用列表中单击"优化大师"按钮，如图 10-36 所示。

Step 02 弹出"软媒优化大师"对话框，程序开始自动扫描系统中可优化的项目，如图 10-37 所示。

图 10-36 单击"优化大师"按钮

图 10-37 开始扫描可优化项目

Step 03 扫描完成后，选中要优化的项目，单击"一键优化"按钮，如图 10-38 所示。

Step 04 单击"开机时间"按钮，在打开的界面中可继续禁用开机项目，单击"未禁止"按钮即可，如图 10-39 所示。

图 10-38 "一键加速"界面

图 10-39 "开机时间"界面

Step 05 单击"启动项"按钮，在打开的界面中可禁止开机即启动的程序，单击 操作按钮即可，如图 10-40 所示。

图 10-40 "启动项"界面

任务二　系统安全防护

任务概述

现在网络病毒、木马以及其他恶意程序的传播令人防不胜防，一旦中招往往损失很惨重。为了保证系统安全，对系统进行安全防护设置是非常必要的。在本任务中，将介绍如何进行系统安全防护设置，如关闭自动播放功能、禁用 ping 命令、设置用户远程访问权限、禁止建立空连接、配置 Windows 防火墙、使用系统维护软件进行安全设置，以及查杀电脑病毒等。

任务重点与实施

一、关闭自动播放功能

将可移动磁盘连接到电脑主机或将光盘放入光驱中后，往往会自动运行。若这些设备中存在病毒，就会增加电脑感染病毒的概率，可以根据需要关闭系统的自动播放功能。在组策略窗口中可以设置关闭自动播放功能，具体操作方法如下：

Step 01　打开"运行"对话框，输入 gpedit.msc 命令，然后单击"确定"按钮，如图 10-41 所示。

Step 02　打开"本地组策略编辑器"窗口，在左窗格中展开"计算机配置"|"管理模板"|"Windows 组件"选项，在右窗格中双击"关闭自动播放"选项，如图 10-42 所示。

图 10-41　"运行"对话框

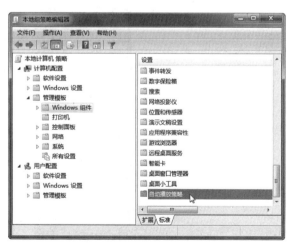

图 10-42　"本地组策略编辑器"窗口

Step 03　在打开的列表中双击"自动播放策略"选项，如图 10-43 所示。

Step 04　打开"关闭自动播放"窗口，选中"已启用"单选按钮，然后单击"确定"按钮，如图 10-44 所示。

图 10-43　双击策略

图 10-44　"关闭自动播放"窗口

二、禁用 ping 命令

通过建立 IP 策略可以阻止他人通过 ping 命令来检测自己的电脑，具体操作方法如下：

Step 01 打开"开始"菜单，搜索"本地安全"，在搜索结果列表中选择"本地安全策略"程序，如图 10-45 所示。

Step 02 打开"本地安全策略"窗口，在左窗格中右击"IP 安全策略，在本地电脑"选项，在弹出的快捷菜单中选择"创建 IP 安全策略"命令，如图 10-46 所示。

图 10-45　选择"本地安全策略"程序

图 10-46　"本地安全策略"窗口

Step 03 弹出"IP 安全策略向导"对话框，单击"下一步"按钮，如图 10-47 所示。

Step 04 输入 IP 策略名称，然后单击"下一步"按钮，如图 10-48 所示。

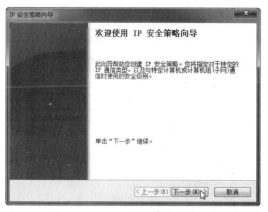

图 10-47　"IP 安全策略向导"对话框

图 10-48　设置 IP 策略名称

Step 05 选中"激活默认响应规则（仅限于 Windows 的早期版本）"复选框，然后单击"下一步"按钮，如图 10-49 所示。

Step 06 选中"使用此字符串保护密钥交换"单选按钮，然后设置字符串，单击"下一步"按钮，如图 10-50 所示。

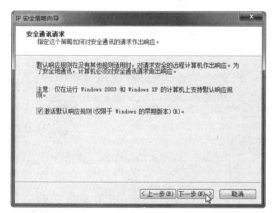

图 10-49　设置安全通讯请求

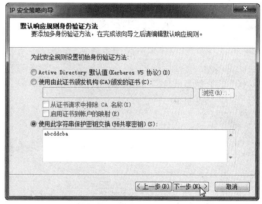

图 10-50　设置初始身份验证方法

Step 07 选中"编辑属性"复选框，然后单击"完成"按钮，如图 10-51 所示。

Step 08 弹出"禁止 ping 属性"对话框，单击"添加"按钮，如图 10-52 所示。

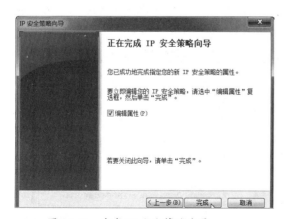

图 10-51　完成 IP 安全策略向导

图 10-52　"禁止 ping 属性"对话框

Step 09 弹出"安全规则向导"对话框，单击"下一步"按钮，如图 10-53 所示。

Step 10 选中"此规则不指定隧道"单选按钮，然后单击"下一步"按钮，如图 10-54 所示。

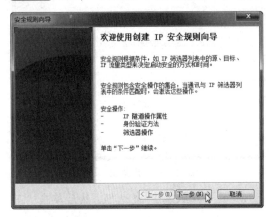

图 10-53　"安全规则向导"对话框　　　　图 10-54　不指定隧道

Step 11 选中"所有网络连接"单选按钮，然后单击"下一步"按钮，如图 10-55 所示。

Step 12 进入"IP 筛选器列表"界面，单击"添加"按钮，如图 10-56 所示。

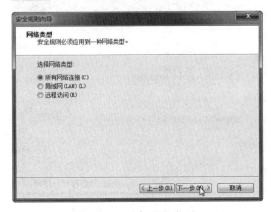

图 10-55　选择网络类型　　　　　　　图 10-56　添加 IP 筛选器

Step 13 弹出"IP 筛选器列表"对话框，输入筛选器名称，取消选择"使用'添加向导'"复选框，然后单击"添加"按钮，如图 10-57 所示。

Step 14 弹出"IP 筛选器 属性"对话框，在"地址"选项卡中设置"源地址"为"我的 IP 地址"，"目标地址"为"任何 IP 地址"，如图 10-58 所示。

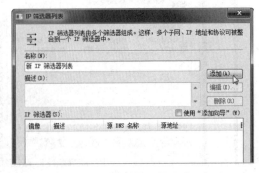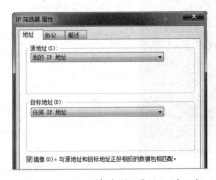

图 10-57　"IP 筛选器列表"对话框　　　图 10-58　"IP 筛选器 属性"对话框

Step 15 选择"协议"选项卡，选择 ICMP 协议类型，单击"确定"按钮，如图 10-59 所示。

Step 16 返回"IP 筛选器列表"对话框，单击"确定"按钮，如图 10-60 所示。

图 10-59　选择协议类型

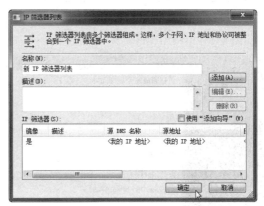

图 10-60　确认添加 IP 筛选器

Step 17 返回"安全规则向导"对话框，选中新筛选器列表，然后单击"下一步"按钮，如图 10-61 所示。

Step 18 取消选择"使用'添加向导'"复选框，然后单击"添加"按钮，如图 10-62 所示。

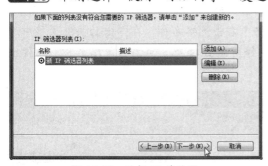

图 10-61　选择 IP 筛选器

图 10-62　不使用添加向导

Step 19 弹出"新筛选器操作 属性"对话框，在"安全方法"选项卡中选中"阻止"单选按钮，然后单击"确定"按钮，如图 10-63 所示。

Step 20 返回"筛选器操作"对话框，单击"下一步"按钮，如图 10-64 所示。

图 10-63　"新筛选器操作 属性"对话框

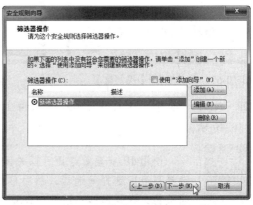

图 10-64　"筛选器操作"对话框

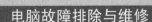

Step 21 选中"编辑属性"复选框，单击"完成"按钮，结束 IP 安全规则的创建，如图 10-65 所示。

Step 22 弹出"新规则 属性"对话框，从中可对 IP 安全规则进行编辑，然后单击"确定"按钮，如图 10-66 所示。

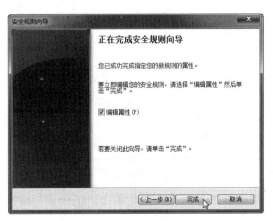
图 10-65 完成安全规则设置

图 10-66 "新规则 属性"对话框

Step 23 返回属性对话框，选中筛选器，然后单击"确定"按钮，如图 10-67 所示。

Step 24 返回"本地安全策略"窗口，在右窗格中右击策略名称，在弹出的快捷菜单中选择"分配"命令，如图 10-68 所示。要停用该 IP 策略，可右击策略名称，在弹出的快捷菜单中选择"未分配"命令。

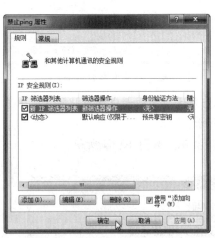
图 10-67 完成 IP 安全规则配置

图 10-68 分配规则

Step 25 此时，当有远程电脑 ping 自己的 IP 地址时，提示"一般故障"，如图 10-69 所示。

专家指导
Expert guidance

使用 IP 安全策略还可以关闭某个服务端口，如关闭 135 端口。在 IP 筛选器列表中选择筛选器，然后单击"编辑"按钮，在弹出的对话框中单击编辑按钮，在弹出的对话框中设置源地址、目标地址、协议类型与端口号等。

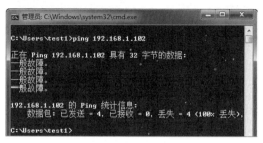

图 10-69　命令提示符窗口

三、设置用户远程访问权限

为了提高系统的安全性，可以设置用户远程访问权限，具体操作方法如下：

Step 01　打开"本地安全策略"窗口，在左窗格中展开"本地策略"|"用户权限分配"选项，如图 10-70 所示。

Step 02　在右窗格中双击"从网络访问此计算机"策略，如图 10-71 所示。

图 10-70　"本地安全策略"窗口

图 10-71　双击策略

Step 03　在弹出的策略属性对话框中删除除 Administrators 之外的默认用户，再添加一个属于自己的 ID，然后单击"确定"按钮，如图 10-72 所示。

Step 04　双击"从远程系统强制关机"策略，在弹出的策略属性对话框中清空所有账户，然后单击"确定"按钮，如图 10-73 所示。

图 10-72　策略属性对话框

图 10-73　清空所有账户

四、禁止建立空连接

在系统默认情况下，任何用户都可以通过空连接连上服务器，进而列出账号、猜测密码。禁止建立空连接可以通过修改注册表来实现，具体操作方法如下：

Step 01 打开"注册表编辑器"窗口，在左窗格中展开 HKEY_LOCAL_MACHINE\System\CurrentControlSet\Control\Lsa 子键，在右窗格中双击 restrictanonymous 键值项（若没有，则新建该键值项），如图 10-74 所示。

Step 02 在弹出的对话框中设置其"数值数据"为 1，然后单击"确定"按钮，如图 10-75 所示。

图 10-74　"注册表编辑器"窗口

图 10-75　编辑 DWORD 值

五、配置 Windows 防火墙

防火墙有助于防止黑客或恶意软件通过网络或 Internet 访问电脑，也可以阻止本机向其他网络中的电脑发送恶意软件。下面将介绍如何配置防火墙，具体操作方法如下：

Step 01 打开"所有控制面板项"窗口，单击"Windows 防火墙"超链接，如图 10-76 所示。

Step 02 打开"Windows 防火墙"窗口，在左侧单击"更改通知设置"超链接，如图 10-77 所示。

图 10-76　"所有控制面板项"窗口

图 10-77　"Windows 防火墙"窗口

Step 03 打开"自定义设置"窗口，从中设置启用防火墙，单击"确定"按钮，如图 10-78 所示。

Step 04 返回"Windows 防火墙"窗口，在左侧单击"允许程序通过 Windows 防火墙"超链接，如图 10-79 所示。

图 10-78　"自定义设置"窗口

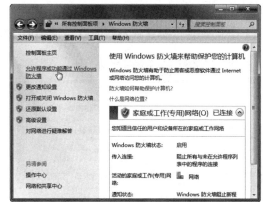

图 10-79　单击超链接

Step 05 打开"允许的程序"窗口，选中允许的程序和功能，并在右侧选中所需的网络，如图 10-80 所示。

Step 06 要允许运行其他程序，可在窗口下方单击"允许运行另一程序"按钮，如图 10-81 所示。

图 10-80　"允许的程序"窗口

图 10-81　单击"允许运行另一程序"按钮

Step 07 弹出"添加程序"对话框，选择要添加的程，单击"添加"按钮，如图 10-82 所示。

Step 08 将所选程序添加到列表，单击"确定"按钮，如图 10-83 所示。

图 10-82　"添加程序"对话框

图 10-83　查看添加的程序

Step 09 要编辑防火墙的出站与入站规则，可进行防火墙高级设置。在"Windows 防火墙"窗口左侧单击"高级设置"超链接，如图 10-84 所示。

Step 10 打开"高级安全 Windows 防火墙"窗口，在左侧选择"入站规则"选项，在右侧单击"新建规则"超链接，如图 10-85 所示。

图 10-84 单击"高级设置"超链接   图 10-85 "高级安全 Windows 防火墙"窗口

Step 11 弹出"新建入站规则向导"对话框，选中"程序"单选按钮，然后单击"下一步"按钮，如图 10-86 所示。

Step 12 选中"此程序路径"单选按钮，单击"浏览"按钮，如图 10-87 所示。

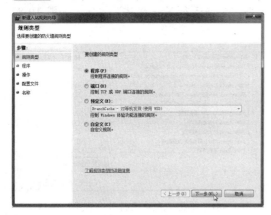

图 10-86 "新建入站规则向导"对话框   图 10-87 单击"浏览"按钮

Step 13 弹出"打开"对话框，找到要添加的应用程序并选中它，然后单击"打开"按钮，如图 10-88 所示。

Step 14 返回"新建入站规则向导"对话框，此时可以看到程序路径，单击"下一步"按钮，如图 10-89 所示。

图 10-88 选择程序   图 10-89 继续操作

Step 15 进入"操作"界面，在此选中"允许连接"单选按钮，单击"下一步"按钮，如图 10-90 所示。

Step 16 进入"配置文件"界面，设置在什么网络位置应用该规则，然后单击"下一步"按钮，如图 10-91 所示。

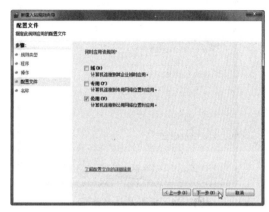

　　图 10-90　选中"允许连接"单选按钮　　　　　　　图 10-91　设置网络位置

Step 17 进入"名称"界面，输入规则名称及描述，然后单击"完成"按钮即可，如图 10-92 所示。

Step 18 在入站规则列表中双击某个规则，如图 10-93 所示。

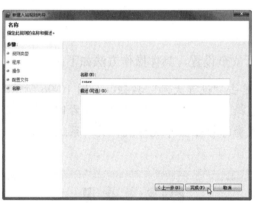

　　图 10-92　输入规则名称及描述　　　　　　　　　图 10-93　双击规则

Step 19 弹出规则属性对话框，选择"常规"选项卡，从中可设置是否启用规则，是否允许连接等参数，如图 10-94 所示。

Step 20 选择"高级"选项卡，从中可设置应用该规则的配置文件，单击"确定"按钮，如图 10-95 所示。

专家指导
Expert guidance →

　　如果要撤销对防火墙自定义的修改，可以将防火墙还原为最初的（默认）设置。方法为：打开"Windows 防火墙"窗口，在左侧单击"还原默认设置"超链接，在打开的窗口中单击"还原默认设置"按钮即可。还原默认设置将会删除为所有网络位置类型设置的所有 Windows 防火墙设置，这可能会导致以前已允许通过防火墙的某些程序停止工作。

图 10-94　规则属性对话框　　　　　　　　　　图 10-95　设置规则属性

六、使用系统维护软件进行安全设置

　　"软媒魔方"的"设置大师"为用户提供了系统优化、系统设置、安全设置、网络设置与用户管理等多种功能，并且支持用户对右键菜单进行定制。下面将介绍如何使用软媒魔方的"设置大师"对系统安全进行设置。

1. 系统安全设置

　　使用"软媒设置大师"可以对系统功能进行安全设置，具体操作方法如下：

Step 01　启动"软媒魔方"，在右侧应用列表中单击"设置大师"按钮，如图 10-96 所示。

Step 02　打开"软媒设置大师"窗口，在左侧选择"资源管理器"选项，在右侧可以对资源管理器和视频预览进行设置，如设置资源管理器外观样式、关闭系统休眠、关闭视频预览等，如图 10-97 所示。

图 10-96　"软媒魔方"界面　　　　　　　　　图 10-97　设置资源管理器

Step 03　在左侧选择"多媒体优化设置"选项，在右侧可以设置禁用光盘、USB 设备的自动运行，以增强系统安全，如图 10-98 所示。

Step 04 在"软媒设置大师"窗口上方单击"系统安全"按钮，在左侧选择"安全综合设置"选项，在右侧可以对系统安全和资源管理器安全进行多种设置，如禁止用注册表编辑、禁用控制面板、禁用任务管理器、禁用文件夹选项菜单、完全隐藏文件及文件夹等，设置完毕后单击"保存设置"按钮，如图 10-99 所示。

图 10-98　多媒体优化设置

图 10-99　安全综合设置

Step 05 在左侧选择"系统更新"选项，在右侧可以设置是否禁用系统自动更新，如图 10-100 所示。

Step 06 在左侧选择"阻止程序运行"选项，在右侧可以设置添加要阻止运行的程序，如图 10-101 所示。要添加程序，可单击"添加"按钮，在弹出的对话框中选择程序，然后单击"保存到系统"按钮即可。

图 10-100　设置系统更新

图 10-101　设置阻止程序运行

Step 07 在左侧选择"驱动器设置"选项，在右侧可以设置禁止移动硬盘、U 盘、光盘等驱动器在电脑上的读入或写入操作，设置完毕后单击"保存设置"按钮，如图 10-102 所示。

Step 08 在左侧选择"隐藏驱动器"选项，在右侧选中要隐藏的驱动器，然后单击"保存设置"按钮，即可在电脑中隐藏该驱动器，如图 10-103 所示。

专家指导
Expert
guidance
➡

　　桌面、收藏夹、下载、图片和视频等文件默认情况下都保存在系统盘内，系统一旦崩溃这些文件可能会无法找回。在"软媒设置大师"左侧选择"系统文件夹设置"选项，从中可以更改系统文件的位置。

图 10-102　驱动器设置

图 10-103　设置隐藏驱动器

2. 网络安全设置

使用"软媒设置大师"可以对网络和网络共享进行安全设置，具体操作方法如下：

Step 01 在"软媒设置大师"窗口上方单击"网络设置"按钮，在左侧选择"网络设置"选项，在右侧可以设置"在局域网中隐藏本机名称"隐藏"整个网络""禁止自动搜索网络资源"、修改网卡 MAC 地址等项目，如图 10-104 所示。

Step 02 在左侧选择"网络共享设置"选项，在右侧可以设置"禁止默认的管理共享及磁盘分区共享""限制 IPC\$ 的远程默认共享""禁止进程间通讯 IPC\$ 的空连接""不保存访问过的共享文件夹的位置"等项目。在"共享列表"列表框中可查看电脑中已被设置为共享的文件，选中共享文件后单击"清除共享"按钮，即可取消该文件的共享，如图 10-105 所示。

图 10-104　网络设置

图 10-105　网络共享设置

七、查杀电脑病毒

现在的电脑病毒日益猖獗，时刻威胁着电脑数据的安全，因此有必要在电脑上安装杀毒软件。目前市场上有多种杀毒工具，如"电脑管家""金山毒霸""卡巴斯基""360 安全卫士"等，下面就以"腾讯电脑管家"为例介绍如何查杀电脑病毒，具体操作方法如下：

Step 01 启动"电脑管家"，在其主界面中单击"病毒查杀"按钮进入病毒查杀界面，单击"闪电杀毒"按钮，开始扫描系统中的关键区域，如图 10-106 所示。

Step 02 扫描结束后显示出发现的风险项，单击"立即处理"按钮进行修复，如图 10-107 所示。

图 10-106　病毒查杀界面

图 10-107　发现风险项界面

Step 03 要想对某个或几个特定位置进行病毒查杀，可单击"闪电杀毒"右侧的下拉按钮，选择"指定位置杀毒"选项，如图 10-108 所示。

Step 04 在弹出的对话框中选中要查杀病毒的位置，然后单击"开始杀毒"按钮即可，如图 10-109 所示。

图 10-108　选择查杀方式

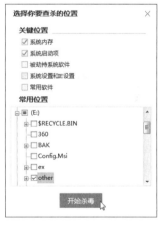

图 10-109　指定查杀位置

Step 05 若不确定某个文件是否安全，还可右击该文件，在弹出的快捷菜单中选择"扫描病毒（电脑管家）"命令，如图 10-110 所示。

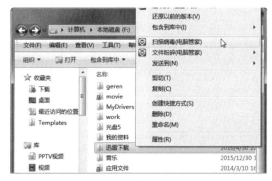

图 10-110　快速查杀病毒

项目小结

通过本项目的学习，读者应重点掌握以下知识：

（1）可以设置虚拟内存以缓解内存不足的问题。

（2）在"系统配置"对话框中可以禁用开机启动项目，以提高电脑开机速度。

（3）通过整理磁盘碎片可以提高系统的运行速度。

（4）通过修改注册表可以清除没用的 DLL 文件，但操作应谨慎。

（5）使用系统维护软件可以很方便地优化系统性能及维护系统安全。

（6）应定期对扫描和查杀电脑病毒，以维护系统安全。对于不确定安全性的文件，可以先扫描其是否含有病毒。

项目习题

（1）练习在 E 分区设置虚拟内存。

（2）在"磁盘碎片整理程序"对话框中单击"启用计划"按钮，设置磁盘碎片整理程序按计划自动运行。

（3）使用"软媒魔方"清理系统垃圾和一键加速系统。

（4）练习配置 Windows 网络防火墙。

（5）使用杀毒软件对电脑中不确定安全性的文件进行扫描。